让孩子受益一生的经典名著

Kun Chong Ji

张在军

知識出版社

图书在版编目（CIP）数据

昆虫记 / 张在军主编. -- 北京：知识出版社，2014.1（2020.4重印）
（让孩子受益一生的经典名著）
ISBN 978-7-5015-7901-3

I. ①昆… Ⅱ. ①张… Ⅲ. ①昆虫学—少儿读物 Ⅳ. ①Q96-49

中国版本图书馆CIP数据核字（2014）第004876号

让孩子受益一生的经典名著

昆虫记

出 版 人：姜钦云
责任编辑：周玄
美术设计：北京心文化图书工作室
出版发行：知识出版社
地　　址：北京市西城区阜成门北大街17号
邮政编码：100037
电　　话：010-88390659
印　　刷：保定市铭泰达印刷有限公司
开　　本：155mm × 220mm 1/32
印　　张：6.5
版　　次：2014年1月第1版
印　　次：2020年4月第8次印刷
书　　号：ISBN 978-7-5015-7901-3
定　　价：25.00

名师导读

《昆虫记》也叫《昆虫物语》《昆虫学札记》和《昆虫世界》，是法国杰出昆虫学家法布尔的传世佳作。《昆虫记》不仅是一部研究昆虫的科学巨著，同时也是一部讴歌生命的宏伟诗篇，在自然科学史与文学史上都有它的地位，被誉为“昆虫的史诗”。

在本书中，作者将专业知识与人生感悟融于一炉，娓娓道来，在对一种种昆虫的日常生活习性、特征的描述中体现出作者对生活独有的眼光。字里行间洋溢着作者本人对生命的尊重与热爱。本书的问世被看作是动物心理学的诞生。

为了便于阅读，我们选取了书中最精彩的部分，以优美通俗的语言编写成精炼的文字，让孩子进入昆虫的世界，去探索那充满神奇的自然世界。

一张图读懂《昆虫记》

作者：法布尔

主题思想

在作者质朴的笔下，一部严肃的学术著作如优美的散文，这不仅是一部研究昆虫的科学巨著，同时也是一部讴歌生命的宏伟诗篇。

内容提要

《昆虫记》带读者进入一个小小昆虫的世界，进行一次特殊的心灵洗礼。带领孩子进行一场微妙世界的探索，教会他们诚心诚意跟昆虫交朋友。

名人评价

他的大著作《昆虫记》十卷，读起来也还是一部很有趣，也很有益的书。

——鲁迅

· 作品影响 ·

在法国自然科学史与文学史上都有它的地位，被誉为“昆虫的史诗”。

· 昆虫档案 ·

蜣螂：勺状头型昆虫，可将粪便变成球型。大多数蜣螂以动物粪便为食，有“自然界清道夫”的称号。

蝉：蝉科昆虫的代表种。雄的腹部有发音器，能连续不断发出尖锐的声音，人们称它为“大自然的歌手”。

螳螂：属昆虫中体型偏大的一类，身体为长形，多为绿色，也有褐色或花斑的种类。

· 卡通形象 ·

蜣螂

螳螂

萤火虫

栏目介绍

亲子阅读，就是以书为媒，以阅读为纽带，让孩子和家长共同分享多种交流形式的阅读过程。通过共读，让父母与孩子一起分享读书的感动和快乐。

名师导读

让孩子带着问题去阅读，不但可以提高孩子的阅读兴趣，还可以加深对文章的理解，同时把握重点，引导孩子阅读。

鉴赏心得

一个简单的故事，足以给人意味深长的人生启示！将故事中蕴涵的人生哲理以最简单、最朴实的方式呈现给孩子，直入心灵，让孩子获得人生感悟。

字词注释

将文章中运用精彩的词语用不同的字体和颜色加以标注，同时对一些难以理解的词语进行注释，帮助孩子在阅读中积累知识，同时达到无障碍快乐阅读的目的。

读后感

让孩子把从书中领悟到的道理或精湛的思想写出来，同时为孩子提供读后感摹写范本，让孩子真正掌握这一种常用的应用文体。

CONTENTS

目录

蜣螂

在六七千年以前就已经存在的蜣螂被古埃及人称为“神圣的甲虫”。那么蜣螂是怎么生活的呢？它又是怎样保护自己做成的食物球的呢？

早在六七千年前，蜣螂就已经存在了，它们最早被谈到是在古埃及。春天，农民在农田干活的时候，常看到一种胖胖的、黑色的昆虫倒推着一个圆球样的东西。他们把蜣螂的这种动作看作星球的运转，认为它们是些懂天文的家伙，因此叫它们“神圣（特别崇高和庄严）的甲虫”。

至于那个圆球，古埃及人认为那是蜣螂的卵，而事实上那只是它们用来储藏食物的东西。蜣螂一边收集路上的垃圾，一边把它们搓挤成圆球。显然这些看似呆头呆脑的家伙很聪明，这样搬动这些东西要省力得多。

蜣螂要把收集到的东西做成球并不简单。它

要用长在它扁平头前面的排列成半圆形的六颗牙齿把东西分离开，扔掉它不要的，然后把挑拣好的食物收集起来。它的前臂非常坚固(结实，牢固)，呈弓形，而且外端长着五颗锯齿。它用它们搬开障碍物，并通过转动前臂扫出一块地，然后把收集好的食物放在那里，用后腿将食物**聚拢**，压在身体下面，通过搓动、旋转，最终使食物成为圆球。它不停搓动，圆球就不断增大，从只有弹丸那么大变到胡桃那么大，再变到苹果那么大，有些贪吃的家伙会将它搓到拳头那么大。

蜣螂还要把做好的食物球推到**合适**的地方。只见它后腿抱着球，头朝下，屁股朝上，用前腿一点一点向后退着走。这个家伙并不聪明，而且很固执。它不走平坦的路，专走一些险峻(山势高而险)的斜坡。球很重，它推得很吃力，而且要特别小心，稍不留意就会连球带自己一起掉下去，这样它前面所做的功就全白费了，需要从头再来。有时过一个坡，需要重复上下一二十次，才会**成功**。而它只有

zài shí zài guò bú qù de qíng kuàng xià cái huì qù xún zhǎo xiāng duì píng tǎn de
在实在过不去的情况下才会去寻找相对平坦的
dào lù
道路。

yì zhī qiāng láng bǎ zì jǐ de shí wù qiú cuō hǎo tuī zhe tā zǒu de
一只蜣螂把自己的食物球搓好，推着它走的
shí hou yǒu shí huì yù dào gāng yào kāi shǐ gōng zuò de lín jū lái zhù tā yí
时候，有时，会遇到刚要开始工作的邻居来助它一
bì zhī lì zhè
臂之力（指一部分力量或不大的力量。表示从旁帮一点忙）。这
zhǒng qíng kuàng kàn sì shì hù xiāng hé zuò ér qiě huì shòu dào huān yíng dàn qí
种情况看似是互相合作，而且会受到欢迎，但其
shí lái bāng máng de shì gè qiáng dào tā bù xiǎng zì jǐ qù zuò yí gè qiú yīn
实来帮忙的是个强盗。它不想自己去做一个球，因
wèi nà xū yào jiān xīn de láo dòng hé jí dà de rěn nài lì yú shì tā jiù xiǎng
为那需要艰辛的劳动和极大的忍耐力。于是它就想
tōu yí gè huò dào lín jū jiā měi cān yí dùn wèi le tōu qiú tā bù xī shǐ
偷一个或到邻居家美餐一顿，为了偷球，它不惜使

用狡猾的手段，甚至动用武力！

贼蜣螂会趁球主人不注意，突然从上面飞下来，将球主人击倒，然后做好互相争斗的准备。球主人起来后如果去抢球，贼蜣螂会从后面将它打下去。然后球主人会去滚动球，使贼蜣螂自己摔下来。总之，一场大战在所难免。只见它们扭打在一起，互相缠着对方。它们会用自己的甲壳去击打对方，发出金属碰撞的声音。最终，贼蜣螂被三番五次（一再，多次）驱逐之后，只好灰溜溜地跑回去继续做它的小弹丸。我还曾经见过有第三只蜣螂前去抢球的。

有时，贼蜣螂也会使用狡猾的手段实施自己的抢夺计划。它会假装帮球主人推球，它们一起推着球，经过生满百里香的沙地，经过有深车轮印和险峻的地方，在这个过程中，贼蜣螂看似是在帮忙，其实只是做做样子。它并没有出多少力，大多数时间它只是坐在球顶看风景。等到了适宜收藏的地方，球主人就开始掘土穴，而贼蜣螂却抱着球假

装死了。球主人不停地掘土，很快就掘到地下看不见了，但它会时不时地（不间断的，经常的）出来看看自己的球。球主人每次看到它都是一动不动的，就不担心了。当球主人离开时间过久时，贼蜣螂就会趁机迅速将球推走。如果不幸被主人发现并追上，它会立即变换位置，去推球的另一个方向。这样看起来它是想要阻止球滚下斜坡。于是它很**顺利**地骗过了球主人，这样它们会和好如初，共同将球搬回。如果不幸被贼偷跑了球，那球主人

就只能自认倒霉，拍拍身上的尘土，深吸一口气，飞到另一个地方重新开始搓球。有时我真的很羡慕蜣螂这种百折不挠（意志坚强，受到多少次挫折，都毫不动摇）的品质。

经过一番努力，蜣螂最终将食物储藏好了。储藏室是在软土或沙土下挖的恰好可以容纳圆球的

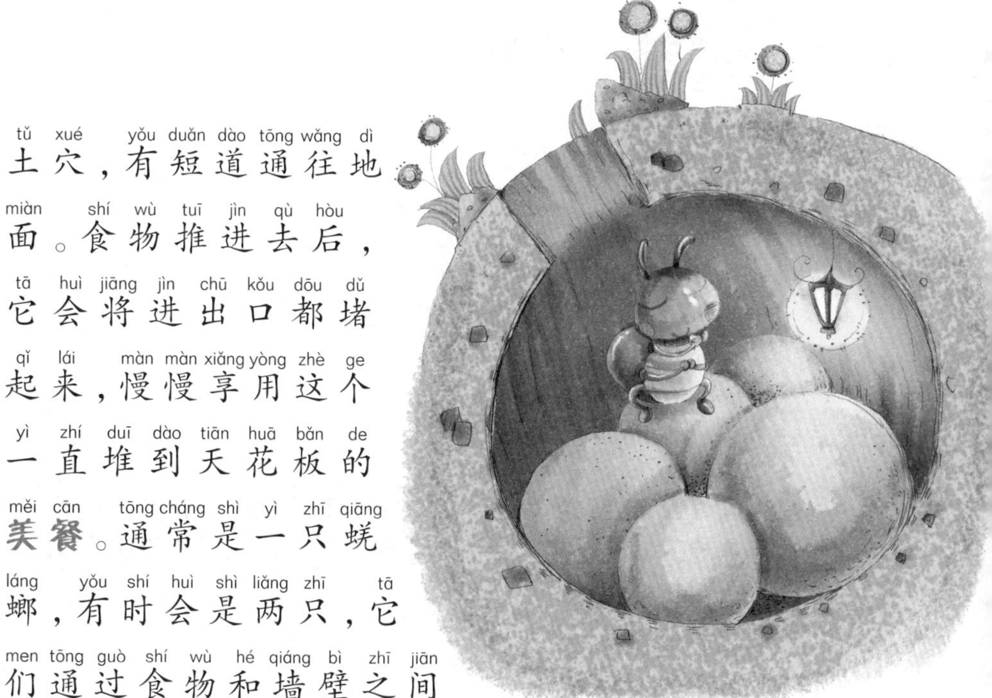

土穴，有短道通往地面。食物推进去后，它会将进出口都堵起来，慢慢享用这个一直堆到天花板的美餐。通常是一只蜣螂，有时会是两只，它们通过食物和墙壁之间的狭窄通道，坐在里面，昼夜不停地吃，这个过程会持续一周或两周，从不停止。

小蜣螂长大后无须向父母学习，自己就会去搓一个食物球，然后把它储藏起来慢慢享用。

蜣螂都是通过自己的努力收集食物的，不管这个过程会遇到多少挫折，都不会动摇。所以，我们应该向意志坚强的蜣螂学习，勇敢地面对挫折。

蝉

一、蝉的诞生

在夏天才会出现的蝉，是个喜欢阳光和干燥的小精灵，让我们一起来看一下蝉是怎样“做它的小房子”，又是怎样“脱下旧衣服”的吧！

蝉是喜欢阳光和干燥的小精灵，因此它们通常伴随着夏至的到来而出现。这时候，在阳光灿烂（光彩鲜明夺目）、行人又多的道路上，会出现很多粗细与人手指差不多，与地面相平的圆孔。蝉的幼虫就是通过这些圆孔从地底下爬出来，然后在地面上变成完全的蝉。

我们应该格外注意地面上那些没有泥土堆积，四周没有尘土，口径约一寸的圆孔。金蜣等掘地昆虫总会在巢穴外面留下一个土堆，蝉则不会，因为它们的工作方法不同。金蜣从地面向下掘土，蝉幼虫从地下出来，开辟门口的工作是在最后做的，因此门口就不会堆积有尘土。

蝉大都从十五六寸深的地下开始挖掘隧道，一直通行无阻（很顺利，没有任何阻碍），下面较宽，底端完全封闭。蝉是种聪明的小昆虫，它挖掘隧道就像矿工或铁路工程师一样。蝉的身体里藏有黏液，它用黏液做成灰泥，涂在隧道的内表面上。蝉的穴通常建在含有汁液的植物根须上，它所用的汁液都从这些根须上**获取**。

能够在隧道内方便地爬上爬下，是蝉建造隧道的关键。它在钻出隧道到阳光下之前，要先对外面的气候状况有所了解。蝉要**花费**好几周甚至一个月的时间来建造一道坚固的墙壁，以便于它爬上爬下。蝉会在隧道的顶端留下一层手指厚的泥土，用来保护自己和抵御（抵挡，抗御）外面空气的变化，一直到最后那一刻。只要稍有好天气的征兆，它就爬上来，利用上面的薄盖，测定外面的天气状况。

如果它感觉有雨或风暴来临，它就会静静地待在隧道底下，这对于纤弱的蝉幼虫蜕皮是很重要的。但是如果感觉气候很**温暖**，它就会用爪击碎天花板，爬出隧道。

蝉幼虫身型肥大而且身体里面有一种液汁，可以利用它除去穴里的尘土。在掘土时，它将液汁与泥土混合，使其成为泥浆，从而使墙壁更加柔软，然后再用它肥胖的身体压上去，将泥浆挤入干土缝隙里。所以，当你在顶端出口**发现**它时，它的身上常常挂有很多湿点。

刚刚爬出地面的蝉幼虫，它会在附近来回走动，寻找蜕皮的适当（合适，妥当）地点，如一棵小矮

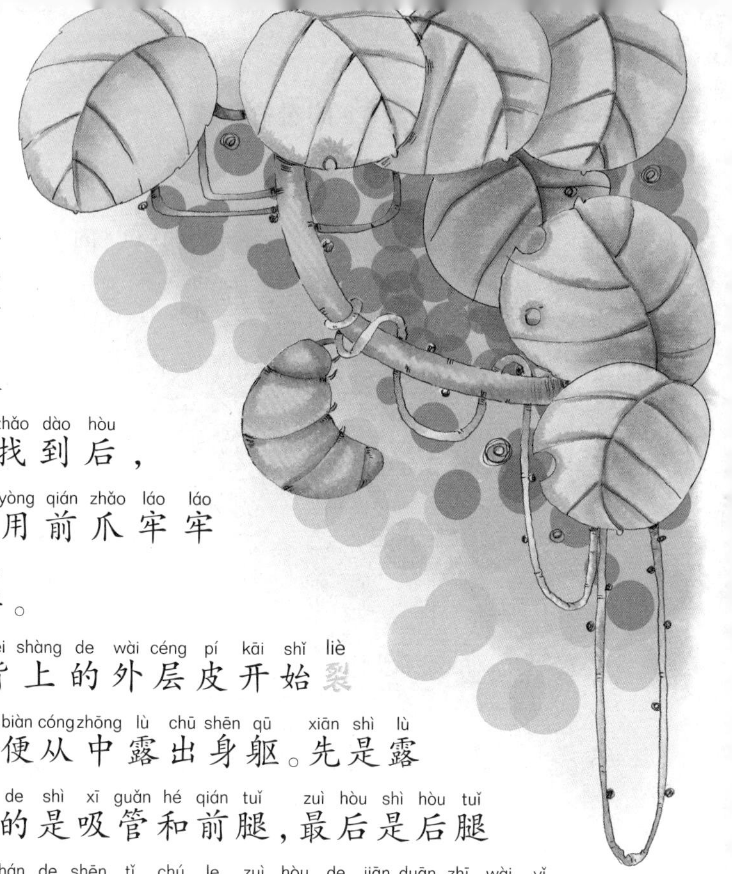

shù yì cóng bǎi lǐ
树，一丛百里
xiāng yí piàn yě cǎo
香，一片野草
yè huò zhě yì zhī
叶，或者一枝
guàn mù zhī dāng tā zhǎo dào hòu
灌木枝。当它找到后，
jiù huì pá shàng qù yòng qián zhǎo láo láo
就会爬上去，用前爪牢牢
zhuā zhù bú zài dòng tán
抓住，不再动弹。

zhè shí tā bèi shàng de wài céng pí kāi shǐ liè
这时，它背上的外层皮开始裂
kāi dàn lǜ sè de chán biàn cóng zhōng lù chū shēn qū xiān shì lù
开，淡绿色的蝉便从中露出身躯。先是露
chū tóu jǐn suí qí hòu de shì xī guǎn hé qián tuǐ zuì hòu shì hòu tuǐ
出头，紧随其后的是吸管和前腿，最后是后腿
hé chì bǎng zhì cǐ chán de shēn tǐ chú le zuì hòu de jiān duān zhī wài yǐ
和翅膀。至此，蝉的身体除了最后的尖端之外已
quán bù lù chū lái le
全部露出来了。

jǐn jiē zhe chán kāi shǐ biǎo yǎn yì zhǒng gāo nán dù de tǐ cāo tā jiāng
紧接着，蝉开始表演一种高难度的体操。它将
shēn tǐ téng qǐ dào kōng zhōng jǐn kào yì diǎn fù zhuó zài jiù pí shang fān zhuǎn
身体腾起到空中，仅靠一点附着在旧皮上，翻转（翻
shēn tǐ tóu cháo xià xiàng wài shēn zhí bù mǎn huā wén de chì bǎng jìn
来转去）身体，头朝下，向外伸直布满花纹的翅膀，尽
lì de zhāng kāi rán hòu tā yòng yì zhǒng jī hū kàn bù qīng de dòng zuò nǔ lì
力地张开。然后它用一种几乎看不清的动作，努力
jiāng shēn tǐ fān shàng lái tóng shí yòng qián zhǎo gōu zhù tuì xià de kōng pí tōng guò
将身体翻上来，同时用前爪钩住蜕下的空皮，通过
zhè ge dòng zuò cóng qiào zhōng bǎ shēn tǐ de jiān duān tuō chū lái zhěng gè guò chéng
这个动作，从鞘中把身体的尖端脱出来，整个过程
quán bù wán chéng dà yuē xū yào bàn gè xiǎo shí
全部完成大约需要半个小时。

刚蜕出皮的蝉在短时间内身体还很**虚弱**。它柔弱的身体在没有足够的力气和漂亮的颜色以前，需要不断地接受日光的洗礼（锻炼和考验）。它用前爪钩住刚蜕下的皮，在微风中轻轻摇摆，同样很虚弱，也同样是绿色，一直到身体变成棕色，才和平常的蝉一样。如果它在早上九点钟爬上树枝，大约要到十二点半，它才会离开它蜕下的皮飞走。而那壳有时会在树上挂一两个月之久。

蝉是一种聪明的小昆虫，它们通过自己的努力为自己建造小房子，虽然在我们看来是那样的简单，却有着一种惊人的建筑奥秘。

二、蝉的音乐

把火药放在蝉的下面，蝉没有表现出丝毫的惊慌甚至连声音的质量都没有丝毫改变。看，多尽职的歌唱家呀！可是为什么蝉一点也不害怕呢？

蝉是天生的歌唱家，整个夏天它都一直在唱歌。它翼后的空腔带有一种很像钹的乐器，但它并未因此而满意，又将响板安置在胸部，以加强声音。的确，蝉为了满足对音乐的嗜好（喜好，特殊的爱好），自己牺牲了很多。它生命器官的空间因为安置那巨大的响板而被占据，只得将它们压紧到身体最小的角落里。

但是，令蝉失望的是，别人对它喜欢的音乐并不感兴趣，它唱歌的真正目的就连我也没有发现。大家通常认为它是在召唤同伴，但事实却并不是这样的。

十五年来，蝉一直与我是邻居，每个夏天，我总能看到它们，听到它们的歌声萦绕（萦回环绕）在我的耳边，长达两个月之久。我通常看到它们在筱悬木的柔枝上排成一列，歌唱者和它的伴侣坐在一起。它们将吸管插到树皮里，一直狂饮，动也不动。等到太阳落山的时候，它们就用缓慢而稳健的脚步，沿着树枝寻找温暖的地方。它们从不停止唱

歌，即便是在饮水或行动的时候。

不难看出，它们并不是在**呼喊**同伴。试想，你的同伴如果就在你面前，你会整月整月地费力呼喊它们吗？

其实，蝉并不一定能听到自己唱的歌。它只是想用这种强硬的方法，强迫（施加压力使服从，迫使）别人听它唱歌。

蝉有非常灵敏的视觉。它的五只眼睛会告诉它左右及上方所发生的事情，当它发现有可疑的东西向它移动时，就会立即停止唱歌，悄然飞走。但是，喧哗对它却完全不起作用。你尽管站在它的背后讲话、吹哨子、拍手、撞石子，它丝毫都不在意，但如果是鸟雀等，应该早就吓得飞跑了。

有一次，我借来乡下人办喜事用的土铳，往里面装火药，直装到要办最重要的喜事时才用得那么多。我把它放在门外的筱悬木树下。为了防止玻璃被震碎，我小心翼翼（形容谨慎小心，一点不敢疏忽）地把窗户打开。可是，蝉在上面看不见我。

我仔细倾听头顶上的乐队会受到怎样的影响。“嘭”的一声枪响了，如惊雷一般。

但是，蝉依然在继续唱歌，没有对它造成丝毫影响。它没有表现出丝毫的惊慌，甚至连声音的质量都丝毫没有改变。第二枪和第一枪一样，没有任何作用。

从这个试验中我们可以肯定，蝉是听不到声音的，它就像一个聋子，对它自己发出的声音也没有一点感觉。

蝉整个夏天都在唱歌，可是它自己听不到自己的歌声。它就像一个聋子，连爆炸的声音也感觉不到。当然，有五只眼睛的蝉，视觉可是非常灵敏的。

三、蝉的卵

蝉的卵是产在干的细枝上的，存放在它自己刺出的小孔里，每只蝉要产三四百个卵，多么庞大的数量啊！那么，蝉为什么要产这么多的卵呢？

你会在干的细枝上**发现**蝉的卵。那些粗细在枯草和铅笔之间的细枝是蝉选择的对象，它会将卵产在上面。这些细枝干，很少是下垂的，多是向上翘起，并且是已经枯死的。

蝉在找到适合的细树枝后，会马上用它胸部尖利的工具刺出一排小孔，这些小孔似乎是用针斜刺下去的，且微微翘起，连纤维都撕裂（撕开，扯裂）了。如果没有什么打扰或损害，一根被选定的枯枝，上面会发现三四十个孔。

蝉将卵产在每一个小孔里，这些小孔是一个个斜下去的**狭窄**小径。每个小孔里至少放十个卵，这样全部算下来就有三四百个。

蝉之所以要产这么多的卵，是为了要防御一种特别的危险，其中有一部分会被毁坏掉，所以必须生产出大量的蝉幼虫。经过多次观察，我才知道这种危险是什么。

其实就是一种很小的蚋，拿蝉和它相比，蝉简直就是庞然大物（指高大笨重的东西）！

和蝉相同的是，蚋也有穿刺工具，位于身体下面靠近中部的地方，伸出来时和身体成直角。蚋会在蝉卵刚产出不久就立即将它毁掉。这对蝉的家族来说简直就是一场灾祸！蝉只要轻轻一踏，就能将蚋踩扁，但蚋能非常镇定地站在蝉的面前，毫无顾忌，简直令人惊讶。我曾见过有三只蚋等在一只倒霉的蝉的旁边，预备着去掠夺。

蝉刚把一个小穴装满卵，爬到稍高处去另外做穴时，蚋就马上跑过来。虽然很容易就会被蝉爪抓住，但它一点都不惊慌（害怕慌张），就像在自己家里一样，它们在蝉卵上加刺一个孔，把自己的卵产进去。蝉产完卵飞走时，它的多数孔穴已被别

人的卵**占据**了，这些假冒者会将蝉卵毁掉。这种成熟得很快的蚋幼虫会把每个小穴内的蝉卵作为自己的食物，进而取代了蝉的家族。

经过了几个世纪，可怜的蝉妈妈对此事竟然一点都不知道。它锐利的大眼睛并非看不到那些可恶的坏家伙在它旁边张牙舞爪（形容猛兽凶恶可怕，也比喻猖狂凶恶），但它不为所动，宁可自己做出牺牲。蝉可以很轻松地将那些坏种子压碎，但它不改变它的本能，去阻止那些搞破坏的坏种子，从而解救它的家族。

通过放大镜，我曾观察过蝉卵的孵化过程。最初，蝉幼虫有着大而黑的眼睛，很像一条极小的鱼，身体下面是一种鳍状物，由两个前腿连在一起组成。这种鳍有些运动力，对幼虫冲出壳外有**帮助**，并能帮它走出有纤维的树枝。这件事说来容易做起来却很困难。

鱼形幼虫爬出壳后，第一件事就是脱皮。脱下的皮会形成一种线，幼虫依靠（靠别的人或事物来达到一定目的）它附着在树枝上。在没落地之前，它就在这里接受阳光的洗礼，有时它会踢踢腿，试试精力，有时则在绳端**懒洋洋**地荡秋千。

等到幼虫的触须可以自由地左右挥动，腿可以伸缩，并在前面可以自由张合的时候，它的身体依然悬挂着，只要稍有微风，它就摇摆不定，在空中翻跟斗。我没见过比它更奇特的昆虫了。

过不了几天，它就会落到地面上来。这个像跳蚤般大小的小动物，为了防止在落地时摔伤身体，它不停地在绳索上**摇荡**着。这是个未被发现的秘密。我们只知道它们在没长成爬到地面上之前，

yào jīng guò màn cháng de dì xià shēng huó tā men zài hēi àn de dì xià shēng huó
要经过漫长的地下生活。它们在黑暗的地下生活

dà gài sì nián ér zài yáng guāng xià gē chàng què hái bú dào wǔ zhōu
大概四年，而在阳光下歌唱却还不到五周。

zài dì xià zuò sì nián de kǔ gōng què zhǐ néng zài yáng guāng xià xiǎng lè
在地下做四年的苦工，却只能在阳光下享乐

yí gè yuè zhè jiù shì chán de shēng huó wǒ men bù gāi qù yàn wù tā gē
一个月，这就是蝉的生活。我们不该去厌恶它歌

声中的烦躁浮夸（虚浮，不切实际），因为它挖了四年的土，忽然穿上华丽的衣服，长出飞鸟般的翅膀，并且在温暖的阳光中沐浴着。那种异常嘹亮的钹的声音，是它对快乐的歌颂，然而这种快乐却是难得而短暂的。

蝉要在黑暗的地下生活四年，却只能在阳光下享乐一个月，但是它尽量利用这仅有的生命一展自己美妙的歌喉，真是精神可嘉啊！

螳螂

一、螳螂的食物

螳螂是一种非常可怕的昆虫，它拥有一种特有的武器，极具杀伤力，想知道它到底有多可怕吗？

在南方，有一种像蝉一样能引起人们注意的昆虫，因为它不会唱歌，所以名声没有蝉响亮。古希腊时期，人们称这种昆虫为先知者或螳螂。农夫们看到它直起半身，立在太阳灼烧（这里指温度特别高，像是被烧着一样）的青草上，态度非常庄重，拖着宽阔的、轻纱般的薄翼。它如臂的前腿，伸向空中，很像是在向天祈祷。但在农夫的眼里，它更像是一个女尼，因此，后来人们就称它“祈祷的螳螂”。

其实这种想法大错特错，那看似庄严的神情是在**欺骗**别人，而那像是在祈祷的前臂更是最可

怕的利刃。只要有东西从它身边经过，它就会原形毕露（本来面目完全暴露），用它的利器捕杀它们。它专吃活的动物，因此，在它温柔的面纱下，隐藏着可怕的杀气。

从外表看来，螳螂并不丑陋，而且还是个很漂亮的昆虫。它姿态纤细而优雅，体色淡绿，长翼轻薄如纱。它有柔软的颈部，因此头可以向任何角度扭转。只有这种昆虫能向各个方向凝视，真可谓是眼观六路。这一切使得这个小动物看起来很温柔。

螳螂天生就有着一副娴美而优雅的好身材，而且它还拥有一种特有的武器。这种既能进攻，又能防御的武器长在它的前足上，极具杀伤力，极富攻击性。而这对武器与它的身材形成了明显的对比，而且非常大，简直令人难以置信（不容易相信）。所以，从一个角度看它是温柔的使者，从另一个角度看它又是残忍的杀手。

螳螂最引人注意的地方便是它那长长的纤

细的腰部，而比它的长腰还要长的，是它的大腿。而且，它的大腿下面还生长着两排十分**锋利**的像锯齿一样的东西，在这两排尖利的锯齿后面，还长着三个大齿。总而言之，螳螂的大腿就是两排刀口的锯齿。而当螳螂想要折叠起它的两条大腿的时候，两排锯齿的中间刚好可以放下它的腿，这种安全措施是最好不过的了，可以使它自己不受伤害。

táng láng de xiǎo tuǐ shang tóng yàng zhǎng yǒu jù chǐ dàn yào bǐ dà tuǐ shang
螳螂的小腿上同样长有锯齿，但要比大腿上
de duō hěn duō ér qiě yě bú tài yí yàng xiǎo tuǐ jù chǐ de mò duān hái zhǎng
的多很多，而且也不太一样。小腿锯齿的末端还长
zhe jiān ruì de xiàng jīn zhēn yí yàng de yìng gōu zi lìng
着尖锐（物体的末端锋利）的像金针一样的硬钩子。另
wài jù chǐ shang hái zhǎng zhe yì zhǒng shuāng miàn rèn de dāo kàn qǐ lái xiàng shì
外，锯齿上还长着一种双面刃的刀，看起来像是
nà zhǒng wān qū de xiū jiǎn gè zhǒng huā zhī yòng de jiǎn dāo
那种弯曲的修剪各种花枝用的剪刀。

měi dāng kàn dào zhè xiē xiǎo yìng gōu zǒng huì ràng wǒ xiǎng qǐ nà duàn bù
每当看到这些小硬钩，总会让我想起那段不
kān huí shǒu de wǎng shì wǒ céng jīng zài yě wài bǔ zhuō táng láng de shí hou zǒng
堪回首的往事。我曾经在野外捕捉螳螂的时候，总
shì zāo dào tā qiáng yǒu lì de zì wǒ bǎo hù hé huán jī fēi dàn méi yǒu zhuō zhù
是遭到它强有力的自我保护和还击，非但没有捉住
tā fǎn dào bèi tā zhuā zhù shǒu ér qiě hái hěn nán bǎi tuō tā de jiū chán
它，反倒被它抓住手，而且还很难**摆脱**它的纠缠。

zài píng shí xiū xi huò bù huó dòng shí táng láng huì jiāng shēn tǐ quán suō
在平时休息或不活动时，螳螂会将身体蜷缩
zài xiōng kǎn chù kàn shàng qù hěn píng hé gōng jī xìng yě bú dà shèn zhì cóng
在胸坎处，看上去很平和，攻击性也不大，甚至从
wài biǎo kàn tā gèng xiàng shì yì zhī wēn hé de rè ài qí dǎo de xiǎo kūn chóng
外表看，它更像是一只**温和**的热爱祈祷的小昆虫。
dàn shì tā yě bìng fēi zǒng shì zhè yàng zhǐ yào yǒu kūn chóng jīng guò tā shēn
但是它也并非总是这样，只要有昆虫经过它身
biān bù guǎn shén me kūn chóng yě bù guǎn tā shì yǒu yì hái shì wú yì
边，不管什么昆虫，也不管它是有意还是无意，
táng láng huì lì kè pāo kāi nà fù qí dǎo píng hé de xiàng mào zì rán nà
螳螂会立刻抛开那副祈祷平和的相貌。自然，那
ge guò lù zhě hái méi yǒu míng bái guò lái zěn me huí shì jiù yǐ jīng xī li
个过路者还没有明白过来怎么回事，就已经稀里
hú tú de chéng le táng láng de měi cān le bù guǎn
糊涂（形容头脑有些糊涂）地成了螳螂的美餐了。不管
shì huáng chóng zhà měng hái shì qí tā gèng qiáng zhuàng de kūn chóng dōu wú
是蝗虫、蚱蜢，还是其他更强壮的昆虫，都无

法逃脱这四排锋利的锯齿的宰割。因此，它们只要被捉到，就只能束手就擒了。

我曾经见过一只不知天高地厚的灰色蝗虫，它竟然蹦到了螳螂的面前。而那只螳螂，马上就变得非常愤怒，连那只**天不怕地不怕**的小蝗虫也被吓得害怕起来。螳螂把它的翅膀尽力张开，并使它

竖起来，看着就像是小船的帆一样。它的翅膀在后背上竖着，身体的上端弯曲起来，就像一根弯曲的拐杖，并且不时地上下起落着。而且除了奇特的动作之外，它还会发出一种声音，就像毒蛇喷吐气息时发出的声音一样。螳螂把它的整个身体都放到后足上面，摆出一种随时迎接挑战（挑衅，战斗）的姿势。螳螂的前半部分身体已经完全竖了起来，那随时准备拼搏冲杀的前臂也早已张开，露出了那种黑白相间的斑点。

在做出这种令人惊奇的姿势后，螳螂就不再动，只拿眼睛瞄准敌人，死死盯住眼前的俘虏，随时准备冲上去进行一场**激烈**的战斗。哪怕那只蝗虫轻轻地、稍微移动一点位置，螳螂都会马上转动一下它的头，目光始终不离开蝗虫。螳螂这种死死的盯人战术，很显然是在利用对手的害怕心理，以这种虚张声势（指假造声势，借以吓人）的战术给对手施加沉重的压力。它通过心理战术，把自己假装成凶猛怪物的架势，以此与对手周旋。

螳螂真是一个心理专家！

看来，螳螂精心计划安排的这一套作战计划达到了预期的效果。那只原本什么都不怕的小蝗虫果真中计了，它还真把螳螂当成了什么可怕的怪物了。蝗虫当时就被螳螂那种奇怪的样子给吓呆了，目不转睛地注视着面前这个奇怪的家伙，丝毫不敢动弹。这只一向擅长蹦来跳去的蝗虫，这时候竟然不知所措（不知道怎么办才好）到连马上跳起来逃跑的念头都想不起来了。这只害怕到极点的可怜小蝗虫，它趴在原地一动不敢动，生怕一不留神就丧了命，它甚至害怕到莫名其妙地向螳螂面前靠近。它真的是太**恐慌**了，竟然自己要去送死。看来螳螂的心理战术是完全成功的。

那只可怜的蝗虫刚移动到螳螂可以碰到它的地方，螳螂就**毫不留情**地利用它的武器重重地打击那个可怜虫，并用它的两条锯子把蝗虫紧紧压住。这时候那个小俘虏再想反抗已经无济于事（对事情没有什么帮助或益处）了。接下来就是螳螂慢慢享受它的战利品的时候了。像秋风扫落叶一样攻击敌人是螳螂永远不变的信条。

螳螂很聪明，它在攻击蝗虫的时候，先是毫不留情地重重击打对方的颈部。这样，蝗虫由于先前的恐惧，再加上一顿**狂轰乱炸**的痛打，它会像被打蒙了一样而变得运动能力下降，动作迟缓。这种方法既有效又实用，螳螂总是运用这种方法取得一次又一次的胜利。

螳螂总是喜欢光顾那些爱掘地的黄蜂，这也使它们成为螳螂的美餐之一。螳螂总是埋伏在蜂

窠的周围，等待时机（时宜，机会），特别是那种能获得双重**报酬**的好机会。怎么会有双重报酬呢？原来有的黄蜂会带着自己的俘虏回来，这样，只要螳螂将它捕获，不就获得了双重的报酬吗？

曾经有一次，我看到了这样有趣的一幕。一只黄蜂捕获了一只蜜蜂，并把它带回家里慢慢享用它体内的蜜汁。正当它吃得兴起的时候，突然遭到一只凶悍的螳螂的偷袭。螳螂的双锯在不经意间夹在了它的身上，而这个贪

吃的小家伙竟还不忘继续吸食蜜蜂体内的蜜汁。人为财死，鸟为食亡（意思是为了追求金钱，连生命都可以不要），这可真是太奇异了！

螳螂，这种凶狠恶毒、魔鬼般的小动物，并没有把它们的食物范围局限在其他种类的昆虫上。这种有着神圣气概的螳螂，还做出了一种令人不可思议，甚至连想都不敢想的事情——自食同类。换句话说，也就是螳螂是会吃螳螂的，吃掉自己的兄弟姐妹。而且，它在吃同类的时候，脸不红，心不跳，处之泰然，那样子跟吃蝗虫、吃蚱蜢时没什么两样，似乎这一切都是天经地义的。同时，那些围绕在其旁边围观的螳螂既没有任何反应，也没有什么抵抗的行为。甚至它们还跃跃欲试（形容心里急切地想试试），随时准备要做同样的事情，似乎这一切都是顺理成章的。而事实上更让人吃惊的是，螳螂还有自食其丈夫的习性。雌性的螳螂在吃它的丈夫的时候，会咬住它丈夫的头颈，然后一口一口地吃下去。最后，剩余下来的

只是它丈夫的两片薄薄的翅膀而已。这简直令人难以置信！

螳螂真的是比狼还要狠毒十倍啊！听说，即便是狼，也不吃它们的同类。由此可见，螳螂真的是很可怕的动物了！

螳螂漂亮的表象迷惑了那么多的昆虫，在它们没有反应过来的时候就已经成了螳螂的食物，所以我们不要轻易地被表象所迷惑。

二、螳螂的巢

名师导读

螳螂是一个魔鬼般的小动物，但它也是有优点的。螳螂是一个伟大的建筑师，它把自己的巢穴建造得非常精美。你想知道它的巢穴是什么样的吗？

尽管螳螂凶猛可怕，身上有很多杀伤性的武器，并且有很多捕食的方法，甚至还吃同类。但是，它也和我们人类一样，除了缺点和不足之外，还有很多优点。螳螂的一个特别突出的优点就是它能够建造非常精美（精致美好）的巢穴。

在有阳光照耀的地方，我们随处都可以找到螳螂建造的巢穴。石头堆里，木头块下，树枝上，枯草丛里，砖头底下，破布下，或者是旧皮鞋的破皮子上面，总而言之，只要是有凹凸不平的表面的东西，都可用来作为坚固的地基。螳螂就是**利用**这些地基来建造自己的巢穴的。

螳螂的巢，大小有一两寸长，不足一寸宽。整

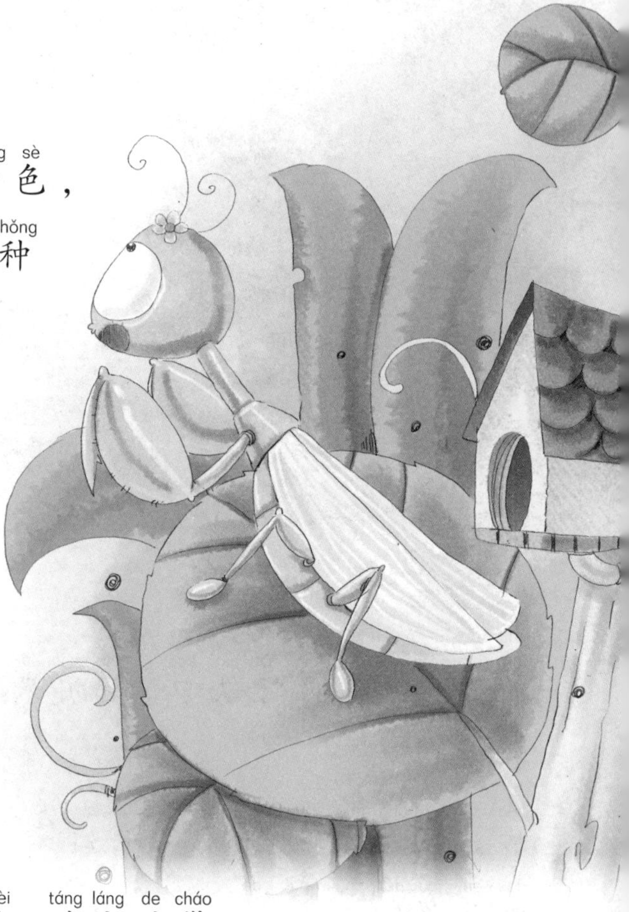

gè cháo de yán sè chéng jīn huáng sè
个巢的颜色呈金黄色，
rú tóng yí lì mài zi zhè zhǒng
如同一粒麦子。这种
cháo shì yóu yì zhǒng pào mò hěn
巢是由一种泡沫很
duō de wù zhì zuò chéng de
多的物质做成的。
guò bù liǎo duō jiǔ zhè zhǒng
过不了多久这种
duō mò de wù zhì jiù huì
多沫的物质就会
zhú jiàn níng gù
逐渐凝固（液体变成
màn màn de biàn yìng
固体），慢慢地变硬。
rú guǒ bǎ tā diǎn rán tā
如果把它点燃，它
huì chǎn shēng yì zhǒng xiàng rán
会产生一种像燃
shāo sī zhī pǐn yí yàng de qì wèi táng láng de cháo
烧丝织品一样的气味。螳螂的巢
huì yǒu gè zhǒng gè yàng de xíng zhuàng zhè zhǔ yào shì yīn wèi tā men suǒ fù zhuó
会有各种各样的形状，这主要是因为它们所附着
de wù tǐ bù tóng suí zhe dì xíng de biàn huà huì yǒu bù tóng xíng zhuàng de cháo
的物体不同，随着地形的变化，会有不同形状的巢
cún zài dàn bù guǎn cháo de xíng zhuàng zěn me biàn huà tā de biǎo miàn zǒng shì
存在。但不管巢的形状怎么变化，它的表面总是
tū qǐ de zhè yì diǎn cóng lái bú biàn
突起的，这一点从来不变。

táng láng de cháo dà zhì yóu sān gè bù fen zǔ chéng qí zhōng de yí bù
螳螂的巢大致由三个部分**组成**。其中的一部
fen shì yóu yì zhǒng pái liè chéng shuāng háng qián hòu xiāng hù fù gài de xiǎo piàn
分是由一种排列成双行，前后相互覆盖的小片
zǔ chéng de kàn qǐ lái hěn xiàng shì wū dǐng shang de wǎ piàn zhè zhǒng xiǎo piàn
组成的，看起来很像是屋顶上的瓦片。这种小片

的边沿，有两行缺口，是用来做门路的。在小螳螂孵化（动物的卵在一定的条件下变成幼虫或小动物）出来之后，就通过这些缺口跑出来。而其他地方的墙壁都是不能穿过的。

在巢穴里面，螳螂的卵总是堆积成好几层。但不管哪一层，卵的头部都是朝向门口的。我在前面已经提到过，那道门有两行，分左右两边。因此，在这些幼虫中，有一半是从左边的门出来的，而另一半则是从右边的门出来的。

值得注意的是，每当一只母螳螂在**建造**一个十分精美的巢穴的时候，也正是它在产卵的时候。

这时候，母螳螂会从身体里排泄出一种特别黏的物质，这与毛毛虫排泄（生物把体内的废物排出体外）出来的丝液非常像。这种物质在排泄出来以后，通过与空气混合，就会变成泡沫。然后，母螳螂会用身体末端的小勺，像我们用叉子搅打鸡蛋蛋清一样，把它打起泡沫来。打起的泡沫是灰清色的，很像是肥皂沫。刚开始泡沫有黏性，但几分钟后它就变成了固体。

母螳螂就在这种泡沫的海洋中产卵，繁衍后代。它每产一层卵，就在卵上覆盖一层这样的泡沫，而这些泡沫很快就会变成固体。

有一层材料在新建的巢穴外面把整个巢穴封起来了。这是一层多孔、纯洁（纯粹洁

白，没有污点）无光的粉白状的材料，看起来和其他的材料不太一样。与螳螂巢内部的灰白颜色不同，这是一种雪白色的外壳，既容易破碎，又容易脱落。当这层外壳脱落下来的时候，螳螂巢的门口就会完全裸露在外，可以看出来，门的中间装着两行板片。很快，它会在风吹雨打的侵蚀下，被剥成小片，并逐渐地脱落。最后，在旧巢上就再也看不到它的痕迹了。

虽然从表面上看，这两种材料毫不相同，但事实上它们的质地（指某种材料结构的性质）是完全一样的。它们只是同种原质的东西的两种不同的表现形式而已。螳螂用它身

上的勺打扫着泡沫的表面，撇掉表面上的浮皮，使其形成一条带子，**覆盖**在巢穴的背面。这种看起来就像是冰霜的带一样的东西，实际上仅仅是黏性物质的最薄、最轻的那一部分。它之所以看上去比较白，主要是因为它的泡沫比较细巧，反射光的能力比较强罢了。

这不能不说是一种非常奇异的操作方式。它有它自己很独特（独一无二的，单独具有的，与众不同的）的一套方法，可以迅速自然地做成一种角质的物质。于是，螳螂的第一批卵就生产在这种物质上面了。

螳螂是一种既能干又非常有建筑才能的动物。在排卵时，它不仅排泄出用于**保护**的泡沫，制造出像糖一样柔软的包被物，而且还制造出用于遮盖的薄片和通行用的小片。而螳螂在做这些工作的时候，竟然不需要移动自己的身体，甚至连看都不用看一眼，就在它背后建起了这座了不起的建筑物。在整个过程中，它那粗壮而有力的大腿竟然发挥不了任何作用。这所有一切的繁杂工作，完全都是这部“小机器”自己完成的。

螳螂妈妈在做完这一切之后就洗手不干了，它抛开这一切走了，从此再没回来。

我总是抱着一丝希望，盼望着有朝一日它能够回来，哪怕只是看一眼，表示一下对这个家族产生的关心和爱护之情。但是，我的这个希望最终也没能实现。很显然，它对这里的一切已经没有丝毫的兴趣了，它真的不再回来了。

据此我得出一个结论：螳螂都是些没有心肝的东西，总是干一些残忍、恶毒到极点的事情。例如，它将自己的丈夫作为美餐给吃掉，而且它居然还抛弃（扔掉不要，丢弃）自己的子女离家出走，从此不再回来。

螳螂卵的孵化，通常都是在有太阳光的地方进行的，而且，大都是在六月中旬，上午十点钟的时候。

前面我已经讲过，在螳螂巢里，只有一小部分

可以作为螳螂幼虫的出路。这一部分指的就是巢里面那一带鳞片的地方。如果仔细观察，你会发现在每一个鳞片的下面，都可以看见一个稍微有一点儿透明的小块。在这个小块的后面，是两个大大的黑点，那是这个**可爱**的小东西的两只小眼睛。幼小的螳螂幼虫，静静地伏卧在那个薄薄的片下面，而且已经有将近一半的身体解放（解除束缚，得到自由或发展）出来了。接着我们来看看这个小东西的身体是什么样子的，它的身体是黄色略带一点红色，还有一个肥大的脑袋。相对于它外面的皮肤，它那一对大眼睛很容易**分辨**出来。它的小嘴贴在胸部，腿又和腹部相贴。这使它看起来很像刚刚才离开巢穴的蝉的最初状态。

幼小的螳螂确实有必要穿上一件结实的外套来确保自己的安全，当然也是为了方便。试想幼虫要从巢穴里那狭小而弯曲的小道里爬出来，如果它将小腿伸开，那恐怕不可能。如果它完全把身体伸展开来，那它自己就把前进的道路给阻挡住了，又怎么可能从通道中爬出来呢？因此，在刚刚降临到这个世界上的时候，这个小动物是被团团包裹在一个襁褓（包裹婴儿的被子和带子）之中的，从而使它的形状看起来很像是一只小船。

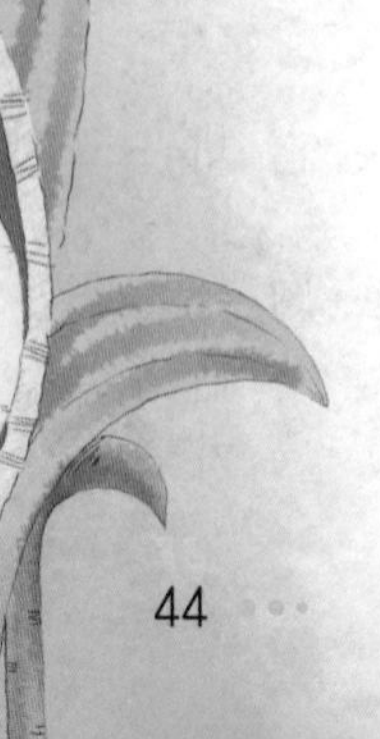

从小幼虫一出生，出现在巢中的薄片下不久，它的头就开始不断地变大，一直膨胀到像个水泡一样才停止。这个有力气的小生命，在出生后不久，就

开始靠自己的力量努力生存。它一推一缩努力地解放着自己的躯体，一刻也不停止。就这样，每做一次动作，它的脑袋就稍微变大一点，直到最后把胸部的外皮给撑破。这时，它摆动得更加剧烈了，也更快了，它是在“乘胜追击”。只见它挣扎着，用尽浑身解数（所有的本领，全部的权术手腕），不停歇地弯曲扭动着它那副小小的躯干。看来，它是想要尽快看到外面的大千世界是什么样子，于是它义无反顾地下定决心要挣脱掉这一件外衣的**束缚**。通过不断的努力，它的腿和触须最先得到解放。然后，它不停地继续努力，在又进行了几次摆动和挣扎后，它终于将自己解放出来了。

有几百只小螳螂，一起拥挤在一个不太宽敞的巢穴当中，这可真能算得上是难得一见的奇观呀。当巢中的螳螂幼虫还没有集体打破外衣，还没有集体冲出襁褓，变成螳螂的形态之前，首先暴露（露在外面，无所遮蔽）出的是它的那双小眼睛。小动物通常不会独自行动，它们的情况也正是这样，就好像是有什么统一行动的信号一样，信号一旦传达出来，几乎在同一时刻，所有的卵都一起孵化出来了，它们一起打破外衣，从硬壳中抽出身体来，速度非常快。因此，几乎在一刹那间，螳螂巢穴的中部顿时如同召开大会一样，无数个幼虫一下子集合起来，挤满了这个本来就不太宽敞的地方。它们似乎都很兴奋，近乎狂热地爬动着，急切地要马上脱掉这件困扰（搅扰，使感到难办）它们生活的讨厌外衣。等它们冲出巢穴后，有的不小心跌落，有的使劲地爬行到巢穴附近的其他枝叶上面去。过几天之后，巢穴中又会出现一批幼虫，它们进行着与前辈们相同的工作，直到自己完全孵化出来。于是，一批接一批，繁衍就这样不停地继续下去。

然而，很不幸的是，这些可怜的小家伙来到的是一个布满了危险与恐怖的世界，而它们自己对这一切恐怕还不太明白。曾经有过好多次，我在门外的围墙内，或者是在树林中的那些幽静（寂静，清

静）的地方，看到螳螂的卵在孵化，一个个小幼虫破壳而出。每当这时候，我总会有一种美好的愿望，希望能够尽自己**微薄**的力量来好好儿保护这些可爱的小生命，让它们能够平平安安而且快快乐乐地生活在这个世界上。但是，很不幸的是，我的愿望总是一次次地破灭。已经至少有二十次了，而实际的要远比这多得多。我总是看到那种极其残暴的景象，总是亲眼目睹那令人恐惧的一幕。这些还不知道什么叫危险的小幼虫，在它们乳臭未干（形容人幼稚不懂事理，有时表示对年轻人的轻蔑或不信任）的时候，便惨遭杀戮。它们甚至还没来得及体验一下生活，体会一下生命的宝贵，就已经早早地结束了年幼的生命，真是可怜啊！螳螂虽然产下了很多卵，但事实上，这些卵的数量远不够大。至少，它所产下的那些卵，还不足以抵御那些早已在巢穴门口埋伏多时的敌人。因为它们会在小幼虫出现的第一时刻，不失时机地将它们杀死。

对于螳螂幼虫来说，蚂蚁要算是它们最具杀伤力的天敌了。几乎每一天，不管是有意还是无意，我总会看到一只只蚂蚁不厌其烦（不嫌麻烦）地光临螳螂的巢穴，它们非常有耐心，而且十分自信地等待着时机的成熟，以便它们能够先采取行动。每当我看到它们，总会帮螳螂想方设法地驱赶它们。但是，我的努力根本无济于事。以我的能力，根本就驱逐不了它们。因为它们总是抢先一步，占据有利地势。可见，蚂蚁的时间观念是非常强的。但是，虽然它们早早就静候在大门之外，可它们却无法深入到巢穴的内部。这主要是因为螳螂巢穴的四周有一层硬硬的厚壁，这便形成了十分坚固的壁垒。而蚂蚁对这道壁垒却无能为力（没有能力去做好某件事情，解决某个问题)，它们还没有聪明到能够想出办法冲破这道屏障。不过，它们总是埋伏在巢穴的门口，静候着它们的俘虏。

因此，螳螂幼虫的处境是相当的危险。只要它们稍不留意跨出自家大门一步，就会马上断送自己的性命。守候在螳螂巢边的蚂蚁是不会轻易放过任何一顿美餐的。只要猎物稍微探出点头，蚂蚁便会立刻将它抓住，然后扯掉幼虫身上的外衣，毫不留情地将它切成碎片。在这场战斗中，你可以看到，那些只能利用随意的乱摆来进行自我保护的小动物，和那些前来俘虏食品的非常凶猛、残忍(暴虐，狠毒)的大队的强盗们展开激烈的拼杀。虽然这些小动物非常弱小，但是它们也不轻易放弃求生的希望，它们仍然会**坚持**着、挣扎着。但是，这种挣扎与那些残忍的家伙相比，显得是那么的可怜。用不了多久，这场充满血腥的大屠杀就会结束。残杀过后，剩余下来的，只不过是碰巧有幸能够逃脱敌人恶爪的少数几个幸存者而已。其他的小生命，都已经变成了蚂蚁口中之食了。就这样，一个原本人丁兴旺（形容子孙后代人很多）的家族衰败了。

这件事情让人感到非常奇怪，因为前面我们提到过，螳螂也是一种非常残忍的动物。它不仅以它那锋利的杀伤性武器去攻击其他的动物，以猎取食物，而且还以自己的同类为食，更可恨的是，它在食用自己的同胞骨肉的时候，竟然是那样的**心安理得**，坦坦荡荡。然而，就是它——这种可以被视为昆虫中的灾害的螳螂，在它刚刚拥有生命的初期，自身也要牺牲在昆虫中个头最小的蚂蚁的魔爪下，这可真是太奇妙了！大自然造物真是让人不可思议(指无法想象,难以理解)啊!这种小小的恶魔,眼睁睁地看着它自己的家族被这样毁掉,它自己的兄弟姐妹被这么一群小小的侏儒所欺凌、所吞食,自己却束手无策,而只能傻傻地目送亲人们离开这个充满危险的世界。

不过,这样的情形并不会持续很久。因为那些被残忍屠杀的只是刚刚问世,刚从卵中孵化出来的幼虫。但是,只要让这些幼虫跟空气接触,用不了多久,它就会变得非常强壮。于是,它便渐渐有了自我保护的能力,而不再是那任人宰割的可怜虫了。

当螳螂长

大一些以后，情况就截然不同（形容两件事物毫无共同之处）了。它可以从蚂蚁群里快速地走过去，在它走过的地方，那些原来任意行凶的敌人们都纷纷跌倒下来，再也不敢去攻击和欺负这个已经长大了的“弱者”了。螳螂在行进的时候，把它的前臂放置在胸前，做出一副自卫的警戒状态。而那群小小的蚂蚁，早已经被它那种骄傲的态度和不可小视的神气给吓倒了。它们再也不敢轻举妄动了，有些甚至已经望风而逃（远远望见对方的气势很盛，就吓得逃跑了）了。

然而，事实上，除了那些小小的蚂蚁，螳螂还有很多其他的敌人。这些天敌绝不是这么轻易就能被吓倒的。比如说，那种居住在墙壁上面的小型的、灰色的蜥蜴就很难对付。它根本就不在意小螳螂那

zì wèi hé kǒng hè de zī shì xiǎo xī yì zhǔ yào shi yòng tā de shé jiān lái jìn
自卫和恐吓的姿势。小蜥蜴主要是用它的舌尖来进
gōng táng láng tā huì bǎ nà xiē gāng gāng xìng yùn de táo chū mǎ yǐ hǔ kǒu de xiǎo
攻螳螂，它会把那些刚刚幸运地逃出蚂蚁虎口的小
kūn chóng yí gè yí gè de shì qǐ suī rán yì zhī xiǎo táng láng hái bù zú yǐ
昆虫一个一个地舐起。虽然一只小螳螂还不足以
tián mǎn xiǎo xī yì de zuǐ dàn cóng tā de miàn bù biǎo qíng bù nán kàn chū táng
填满小蜥蜴的嘴，但从它的面部表情不难看出，螳
láng de wèi dào hái shì hěn bú cuò de kàn lái tā duì cǐ fēi cháng mǎn zú
螂的味道还是很不错的。看来，它对此非常**满足**。
měi chī diào yí gè táng láng xī yì zǒng huì
每吃掉一个螳螂，蜥蜴总会
jiāng yǎn pí wēi wēi bì qǐ zhè
将眼皮微微闭起，这
dí què shì yì zhǒng jí duān mǎn
的确是一种极端满
zú de biǎo xiàn rán ér zhè
足的表现。然而，这
yí qiè duì yú nà xiē dǎo méi
一切对于那些倒霉
de táng láng shào nián lái shuō
的螳螂少年来说，
zhēn kě wèi shì cái chū lóng
真可谓是“才出龙
tán yòu rù hǔ xué
潭，又入虎穴”（刚
逃脱一种危险，又进入
a
另一种危险）啊！

táng láng de wēi xiǎn
螳螂的危险
bìng bù jǐn jǐn shì zài luǎn fū
并不仅仅是在卵孵
huà chū lái yǐ hòu qí shí zǎo
化出来以后，其实早

zài luǎn fū huà chū lái zhī qián tā jiù yǐ jīng chǔ yú wàn fēn wēi xiǎn dāng zhōng
在卵孵化出来之前，它就已经处于万分危险当中
le yǒu yì zhǒng xiǎo yě fēng tā suí shēn xié dài de cì zhēn fēi cháng jiān lì
了。有一种小野蜂，它随身携带的刺针非常尖利，
kě yǐ jiāng táng láng de yóu pào mò yìng huà yǐ hòu ér xíng chéng de cháo xué cì
可以将螳螂的由泡沫硬化以后而形成的巢穴刺
tòu zhè yàng yì lái táng láng de xuè tǒng jiù jiāng zāo shòu gēn chán de zǐ sūn hòu
透。这样一来，螳螂的血统就将遭受跟蝉的子孙后
dài xiāng tóng de mìng yùn le zhè ge bú sù zhī kè zài méi yǒu jiē dào rèn hé
代相同的命运了。这个不速之客，在没有接到任何

rén de yāo qǐng de qíng kuàng xià jiù shàn zì jiāng zì jǐ de luǎn chǎn zài le táng
人的邀请的情况下，就擅自将自己的卵产在了螳

láng de cháo xué zhōng ér tā de luǎn de fū huà yòu bǐ táng láng de yào tí qián yí
螂的巢穴中。而它的卵的孵化又比螳螂的要提前一

bù zì rán ér rán de táng láng de luǎn jiù huì bèi qīn lüè zhě dàng zuò měi cān
步。自然而然地，螳螂的卵就会被侵略者当作美餐

tūn shí diào jiǎ rú yì zhī táng láng chǎn le yì qiān kē
吞食（吞吃，不咀嚼就咽下）掉。假如一只螳螂产了一千颗

luǎn nà me zuì hòu liú xià de méi yǒu bèi huǐ miè de kǒng pà yě jiù yì liǎng
卵，那么最后留下的，没有被毁灭的，恐怕也就一两

zhī ér yǐ
只而已。

yú shì jiù xíng chéng le zhè yàng yì tiáo shēng wù liàn táng láng yǐ huáng
于是就形成了这样一条生物链：螳螂以蝗

chóng wéi shí mǎ yǐ yòu huì chī diào táng láng ér mǎ yǐ yòu shì jī de shí
虫为食，蚂蚁又会吃掉螳螂，而蚂蚁又是鸡的食

pǐn dàn shì děng dào le qiū tiān de shí hou jī zhǎng dà le zhǎng féi le
品。但是，等到了秋天的时候，鸡长大了，长肥了，

wǒ yòu huì bǎ jī zuò chéng jiā yáo chī diào zhè kě zhēn yǒu qù ya
我又会把鸡做成佳肴吃掉。这可真有趣呀！

huò xǔ táng láng huáng chóng mǎ yǐ shèn zhì shì qí tā gè tóu gèng xiǎo
或许螳螂、蝗虫、蚂蚁，甚至是其他个头更小

yì xiē de dòng wù shí yòng zhī hòu dōu kě yǐ zēng jiā rén lèi de nǎo lì tā
一些的动物，食用之后都可以增加人类的脑力。它

men cǎi yòng yì zhǒng fēi cháng qí miào ér yòu bù kě jiàn de fāng fǎ wèi wǒ men
们采用一种非常奇妙而又不可见的方法，为我们

de dà nǎo tí gōng mǒu zhǒng yǒu yòng de wù zhì rán hòu zuò wéi wǒ men rén lèi
的大脑提供某种有用的物质。然后，作为我们人类

sī xiǎng zhī dēng de yóu liào tā men de jīng lì màn màn de fā dá qǐ lái rán
思想之灯的油料，它们的精力慢慢地发达起来，然

hòu chǔ xù qǐ lái
后储蓄（将节余或暂时不用的钱或物积存起来以备应用）起来，

bìng qiě yì diǎn yì diǎn de chuán sòng dào wǒ men shēn tǐ de gè gè bù wèi liú
并且一点一点地传送到我们身体的各个部位，流

jìn wǒ men de xuè mài li tā men zī yǎng zhe wǒ men shēn shang de bù zú zhī
进我们的血脉里。它们滋养着我们身上的不足之

处，而我们的生存又建立在它们的死亡之上。世界本来就是一个无穷无尽的循环着的圆环。各种物质在其完结的基础上，又会重新开始一切。从某种意义上讲，各种物质的死，就是各种物质的生。这是一个十分深刻的哲学道理。

在我们眼中，螳螂妈妈是极不负责的，但这其实是由它的生理特性所决定的。而且这会让小螳螂从小学会面对自然的挑战，从而顽强地生存下来。

蜜蜂

我为了验证蜜蜂到底有没有辨别方向的能力，在它们身上做上记号，并且把它们带到二里半远的地方放飞，你们猜，蜜蜂有没有找到回家的路？

我曾听人说蜜蜂有辨别（对不同的事物在认识上加以区别）方向的能力，不管你将它丢弃在哪里，它都可以自己回到原处。于是我就想要试一试。

有一天，我从屋檐下的蜂窝里捉了四十只蜜蜂，并叫我的小女儿爱格兰在屋檐下等着，然后我把蜜蜂装进纸袋里，把它们带到离我家有二里半路的地方，接着打开纸袋，把它们丢弃在那里，看它们是否能飞回来。

我在那群被丢弃的蜜蜂的背上做了白色的记号，以便于我区分飞到我家屋檐下的蜜蜂是不是我曾在远处丢弃的那些。在我给它们做记号的过程中，我的手不可避免（设法不使某种情形发生，防止）

地被刺了好几口，但我仍然坚持着，时间长了竟然忘记了自己的痛，直到把整个工作做完，但有二十只蜜蜂受伤了。我一打开纸袋，那些闷了很久的蜜蜂就一拥而出，四散飞开，似乎是在辨别哪边是回家的路。

放飞蜜蜂的时候，空中正吹着微风。蜜蜂们都飞得很低，几乎要碰到地面。我想这样可能会减少风的阻力吧。

在回家的路上，我猜测它们面临这样的恶劣环境，肯定找不到回家的路。但还没等我进家门，爱格兰就激动(由于受到刺激而感情冲动)地冲过来，冲我喊道：“有两只蜜蜂回来了！在两点四十分的时候到达巢里，还带来了满身的花粉。”

我是在两点整将蜜蜂放飞的，而这两只蜜蜂竟然在三刻钟左右的时间里飞二里半的路，还不忘在中途采花粉！

第二天，我一**检查**蜂巢，发现又有十五只有记号的蜜蜂回来了。尽管当时吹着逆向的风，沿途也都是陌生的景物，但二十只蜜蜂中仍有十七只准确无误地回到了家。或许是它们怀念着巢中的小宝贝和丰富的蜂蜜吧，它们确实凭借着这种强烈的本能回来了。这不是什么超常的记忆力，而是一种无法解释的本能（本身固有的、不学就会的能力），而这种本能正是我们人类所缺少的。

尽管蜜蜂面临的是恶劣的环境、陌生的景物，但是它们能够准确地回到自己的家中。因此我们千万不要小瞧了这种小动物呀。

红蚂蚁

红蚂蚁自己不会抚育儿女又不会出去寻找食物，却去掠夺黑蚂蚁的儿女。黑蚂蚁会怎样保护自己的孩子呢？获救的黑蚂蚁能不能找到回家的路呢？

红蚂蚁既不会抚育儿女，又不会出去寻找食物。它们为了生存，只好使用卑鄙（低级，恶劣）的手段掠夺黑蚂蚁的儿女，使它们沦为自己的奴隶。

我经常在夏天的下午看到红蚂蚁出征的队伍，大约五六米长。当它们看到有黑蚂蚁的巢穴时，会有几只间谍似的蚂蚁先到前面探路。当找到黑蚂蚁的巢穴后，它们会直接闯入小蚂蚁的卧室，强行将它们抱走。在黑蚂蚁的巢内，红蚂蚁和黑蚂蚁进行了一场激烈的战斗，但黑蚂蚁战败了，它们只能眼睁睁地看着自己的孩子被那些强盗抢走。

蚂蚁只能沿着原路回家，它们不像蜜蜂那样可以换一条路。我没有过多的时间消耗在蚂蚁身上，所以叫小孙女拉茜帮我监视（从旁监察注视）它们，她欣然接受了我的嘱托。凡是天气不错的日子里，小拉茜总是蹲在园子里，瞪着小眼睛往地上张望。

有一天，我在书房里听到拉茜的声音，“快来快来！红蚂蚁已经走到黑蚂蚁的家里去了！”

我急忙跑到园子里，看到红蚂蚁们正沿着那条白色的石子路凯旋归来。我拿了一片树叶，把几只蚂蚁劫走后放到其他地方，这几只蚂

蚁就这样迷路了，而其他的则凭着它们的记忆力顺原路回家了。这证明它们是靠着记住沿途（沿路）景物来找到回家的路，而不像蜜蜂那样直接辨认回家的方向。所以即使它们出征的路程长达几天几夜，但只要沿途不发生变化，它们也照样能回来。

黑蚂蚁为了小蚂蚁和红蚂蚁进行了一场激烈的战斗，可是黑蚂蚁战败了，只能眼睁睁地看着红蚂蚁抢走小蚂蚁。对于母亲来说，这是怎样的灾难呀！

萤火虫

一、萤火虫

你所了解的萤火虫是什么样的呢？它真的像表面上看到的那样是个纯洁善良又可爱的小动物吗？

在昆虫中，很少有能够发光的。但其中有一种是因为发光而出名的。这种稀奇的小动物的尾巴上像挂了一盏灯，用来表达它对快乐生活的美好**祝愿**。古代时，希腊人把它叫作亮尾巴，是很形象的一个名字。现代，科学家们给它取了一个新的名字，叫作萤火虫。

萤火虫是甲虫的一种。雌性的萤火虫不怎么引人注意，它对于飞行的快乐，却是一无所知（什么也不知道）的。它终身都处于幼虫的状态，似乎永远也长不大。而它的外皮还具有很丰富的颜色呢。它全身是黑棕色的，但是胸部有一些微红。它身体每一节的边沿部位，**装饰**着一些粉红色的斑

点。蠕虫是不会穿像这样色彩丰富的衣服的！尽管这样，我们仍把它叫作发光的蠕虫。

萤火虫有两个特点：第一是它获取食物的方法，第二是它的尾巴上有灯。

从外表来看，萤火虫是一个纯洁善良而可爱的小动物，但事实上，它却是一个凶猛无比的食肉动物。它是一个善于猎取山珍野味的猎手，并且捕猎方法十分凶恶（行为、性情或相貌等凶狠可怕）。它的俘虏对象通常是一些蜗牛。

萤火虫的捕食方法具体如下：萤火虫在开始捕食之前总是先给猎物打一针麻醉药，使它失去知觉和防卫抵抗能力，以便捕捉并食用。这就像人类在手术之前，先接受麻醉，从而渐渐失去知觉而不感到疼痛一样。萤火虫在一般情况下所猎取的食物都是一些很小很小的蜗牛。捕捉到的蜗牛很少能比樱桃大。在气候非常炎热时，在路旁边的枯草或者是麦根上就会聚集着大群的蜗牛，像集体纳凉一般。在这些地方，人们常常会看到一些萤火虫在咀嚼它们那已经失去知觉(感觉)的俘虏。萤火虫就是在这些摇摆不定的物体上把它们麻醉了。

萤火虫常到一些又凉又潮湿的阴暗的沟渠附近去溜达。在那里经常可以找到大量的蜗牛。这可是难得的美餐啊！通常在这些地方，萤火虫把它们的俘虏在地上杀死，就像人们说的就地处决一样，干净利落地结束战斗。我就在家里制造出这样一个地方，制造出一个战场。便于我非常仔细地观察它们的一举一动(指人的每一个动作)。

那么，下面我就来叙述一下这种奇怪的情形吧。我拿了一个大玻璃瓶，然后再找一点

儿小草，把草放到瓶子里，再往里边放进几只萤火虫，还有一些蜗牛。我取的蜗牛大小比较适中，不算特别的大，也不特别的小。这一切准备工作就绪后，必须**耐心**等待。不过，最为重要的一点是，必须十分留心，时刻注视着玻璃瓶中发生的一切动静。

因为，整个事情的发生，是在非常不经意的情况下，而且，时间持续也不长，几乎就是一会儿的时间。所以，必须目不转睛（眼珠子一动不动地盯着看）地紧紧盯住瓶中的这些生灵。

不一会儿，玻璃瓶中就有事情要发生了。萤火虫开始注意到它的猎物了。看起来，蜗牛对于萤火虫而言，有极强的、难以抗拒的吸引力。于是，这位“猎人”**跃跃欲试**，准备发起总攻了。它先做的就是把自己身上随身带着的“兵器”**迅速**抽出来。这件“兵器”很细小，要是没有放大镜的帮助，简直一点儿也看不出来。萤火虫的身上长有两片颚，它们分别弯曲起来，再合拢到一起，就形成了一把钩子，一把尖利、细小的，像一根毛发一样的钩子。

如果把它放到显微镜下面观察，就可以发现，在这把钩子上有一条沟槽。如此而已（就这样罢了，再没有别的），这件“武器”没有其他更特别的地方。然而，这可是一件有用的兵器，是可以致对手于死地的夺命

宝刀。

这个小小的昆虫，利用这种兵器，在蜗牛的外膜上不停地、反复地刺击。但是，萤火虫的态度很平和，神情也很**温和**，乍一看起来，好像

并不是在捕猎食物，倒好像是两个动物在亲昵接吻一般。这种动作，一般情况下，我们常用"扭"这个字眼来表示。

萤火虫在扭动蜗牛时有自己的方法。它一点儿也不着急，不慌不忙，很有章法（比喻处理事情的规则和程序）。

它每扭动一下对方，总是要停下来一小会儿。仿佛是要审看一下这一次扭动产生了什么效果一样。萤火虫扭动的次数不是很多，顶多有五六次。只这么几下，就能让蜗牛动弹不得，失去了一切知觉而不省人事。再后来，也就是在萤火虫开始吃战利品时，还要再扭上几下。看起来，这几下扭动更至关重要。但是，究竟萤火虫为什么要如此这般行事，我就不能确定真正的原因了。它为什么在食用前，还要来扫几下呢？至今这仍是个谜。萤火虫的动作非常迅速而且敏捷（反应迅速快捷），如同闪电一般快，就已经将毒汁从沟槽中传送到蜗牛的身上了。这只是一个瞬间的动作，要非常仔细地观察才能觉察到。

有一点是不用怀疑的，那就是，在萤火虫对蜗牛进行刺击时，蜗牛不会感觉到痛苦。关于这一点，我曾经做过一个试验。在一只萤火虫进攻一只蜗牛的时候，当萤火虫只扭了四五次以后，我马上迅速地把那只受到毒汁迫害的蜗牛拿开。然后，用一根针去刺激这可怜虫的皮肤。然而它竟然一点儿也没有收缩的迹象。这很清楚地表明，此时此刻，这只蜗牛已经一点儿活气也没有了。它不会感觉到痛苦。

然而，实际上，这只蜗牛并没有真正地死去。我有办法能让它重新活过来，我每天都坚持给它洗浴，清洁身体，特别是伤口。几天以后，奇迹出现了。这只被萤火虫无情地伤害得很惨重的、几乎一命呜呼的家伙，恢复到了以前的样子，它能够自由地爬来爬去了。并且，它的知觉也恢复了正常。因为当我用小针刺击它的肉时，它立刻就会有反应，小小的躯体马上就会缩到背壳里去藏起来，

这充分说明它已经恢复**知觉**了，就像什么都不曾发生过一样。

在人类社会的科学中，人们发明了在外科手术时不会让人感觉到疼痛的方法，而且非常成功。不同的是，外科医生在手术前，让我们闻乙醚或是其他麻醉剂。而那些昆虫采用的方法，是利用它们的毒牙，向别的动物注射极小量的特别毒药，

以使别的动物失去知觉。

当我们偶尔想到蜗牛是那样温柔、平和而无害，萤火虫却要向它注射毒汁以麻醉它用来制伏（用强制手段降伏）它，并且以它为食物，似乎总有些奇怪的感觉。

鉴赏心得

不要被萤火虫的美丽所迷惑，它是一种凶猛无比的食肉动物，所以我们不要被任何事物的外表所迷惑，以至于送上自己的性命。

二、蔷薇花饰物

前面说了蜗牛在不知不觉中就成了萤火虫的美餐，那么萤火虫是怎么样把蜗牛吃掉的呢？萤火虫又是怎样爬到悬在半空的玻璃片上去的呢？

萤火虫在吃蜗牛时，具体方法是这样的，它要将蜗牛先制造成非常稀薄（稀少，密度小，不浓厚）的肉粥，然后才开始食用。就像蝇吃小的幼虫一样，它能够在还没有吃之前，先把它弄成流质，然后再痛快地享用。

前面我们已经看到过的“扭”的动作与其相似，它们经过几次轻轻地咬，蜗牛的肉就已经变成了肉粥。然后，许多客人一起跑过来共同享用这顿美餐。每位客人都一口一口地把它吃掉。而且，每一位客人都利用自己的一种消化素把它做成汤，能够应用这样一种方法，说明萤火虫的嘴是非常柔软的。萤火虫在用毒牙给蜗牛注射毒药的同时，也会注入并引进其他的物质到蜗牛的体内，以便使蜗牛身上固体的肉能够变成流质。这样一来，这种流质很适合萤火虫那柔软的嘴，使它吃得更加方便自如（很便利，不麻烦）。

蜗牛被我放到玻璃瓶里，有的蜗牛爬到了瓶子的顶部，而那顶口是用玻璃片盖住的。它就利用自己身上的黏性液体，粘在那块玻璃片上。

萤火虫常常利用一种爬行器爬到瓶子的顶部去，先仔细地观察蜗牛的动静，然后寻找可以下手的地方。最后，迅速地轻轻一咬，就足以使对手失去知觉了。这一切都发生在一瞬间。于是，一点儿也不拖延，萤火虫开始抓紧时间来制造它的美味佳肴——肉粥，以准备作为数日内的食品。

当萤火虫一阵风卷残云（比喻把残存的东西一扫而光）以后，便吃得很饱了。蜗牛就在它那受到攻击的原地，逐渐流干了身体的全部，只剩下一个空空的外壳。可以说，萤火虫处理蜗牛的方法是十分巧妙的。

萤火虫要爬到悬在半空中的玻璃片上去，或者是爬行到草秆上去，必须要具备一种特别的爬行足或其他什么有利的器官。但是它现有的笨拙的足是不够用的，这就决定了它需要辅助的东西。

把一只萤火虫放到放大镜下面观察研究可以发现，在萤火虫的身上，的确生长着这种特别的器官。大自然在创造它的时候很公平，非常细心，并没有忘掉赐给它必要的工具。在接近萤火虫尾巴的地方，长有一块白点，通过放大镜可以清楚地看到。这主要是由一些短小的细管，或者是指头组合而成的。如果萤火虫想使自己紧紧地吸到玻璃片或草秆上，那么，它就会放开那些指头，让蔷薇花绽放（开放）开来。在支撑物上，这些指头放开得很大。萤火虫就利用它自己自然的黏力牢固地附着在那些它想停留的支撑物体上。这样一来，萤火虫就可以在看起来很危险的地方**自由**地爬行了。

那些长在萤火虫身上的，构成蔷薇花形的指头，是不长节的，但是，它们每一个都可以向各个不同的方向随意地转动。事实上，与其说它们像是指头，倒不如说它们更像一根根细细的管子。因为，这个比喻要更加适合、贴切（妥贴，确切）。要是说它们像指头的话，它们并不能拿起什么东西。它们只能利用其黏附力附着在其他东西上。它们的作用很大，除具黏附力，以及在危险处爬行这两大功能外，它还能当海绵以及刷子使用。在它饱餐之后，舒舒服服地休息一下，再用刷子一点一点，从身体的这一端刷到另外一端，而且非常仔细、认真，几乎哪个部位都不会被遗漏掉。可以说，它是一种非常爱清洁，注意文明的小动物。

原来萤火虫的嘴是非常柔软的，所以它要将蜗牛先制造成非常稀薄的肉粥，然后才开始食用。而它能停留在玻璃上也全是它尾部吸管的功劳。

三、萤火虫的灯

你为什么会喜欢萤火虫呢？答案当然是因为萤火虫身上有盏灯啦！那么萤火虫的“灯”长在它身体的哪个地方呢？萤火虫又是怎么发光的呢？

既然人们都知道萤火虫的大名，那么它必定具有一些特殊的本领与其他动物区别开来。那究竟它有什么样的奇特本领呢？

众所周知（大家普遍知道的），它的身上还带有一盏灯。它会在自己的身上点燃这盏灯。在黑夜中为自己留一盏灯，照耀着自己行进的路程。这就是它成名的最重要的原因之一了。

雌性萤火虫**发光**的器官，生长在它身体最后三节的地方。在前两节中的每一节下面发出光来，形成了宽宽的节形。而位于第三节的发光部位比前两节要小得多，只是有两个小小的点，发出的光亮可以从背面**透射**出来，因而在这个小昆虫的发

光部位的上下两面都可以看得见光。从这些宽带和小点上，发出的光是微微带蓝色的、是很明亮的光。

雄性的萤火虫则不一样，它只有雌萤火虫那些灯中的小灯，也就是说，只有尾部最后一节处的两个小点。与雌萤火虫所特有（特别具有，独有）的那两条宽带子则不同，它只能在下面发光。这就是雄雌的主要区别之一。

在显微镜下观察过这两条发光的带子可以发现，在萤火虫的皮上，有一种白颜色的涂料，形成了很细很细的粒形物质。而光就发源于这个地方。在这些物质的附近分布着一种非常奇特的器官，它们都有短干，上面还生长着很多细枝。这种枝干散布在发光物体上面，有时还深入其中。

我很清楚地知道，光亮是产生于萤火虫的呼吸器官的。世界上的一些物质，当它和空气相混合（搀杂，合并）后，立即便会发出亮光，有时甚至还会燃烧，产生火焰。人们把这种物质称为“可燃物”。而那种和空气相混合便能发光或者产生火焰的作用，则通常被人们称之为“氧化作用”。萤火虫的灯就是氧化的结果。那种形如白色涂料的物质，就是经过氧化作用以后剩下的余物。而**连接**着萤火虫的呼吸器官的细细的小管，提供了氧化作用所需要的空气。至于那种发光的物质的性质，至

今尚无人知晓（知道）其答案。

萤火虫可以随意地将自己身上的光放大一些，或者是调暗一些，或者是干脆熄灭它。

那么，这个聪明的小动物是怎样行动才达到它调节自身光亮的目的呢？经过观察我了解到，如果萤火虫身上的细管里面流入的空气量增加了，那么它发出来的光的亮度就会变得更强一些；要是哪天萤火虫不高兴了，把气管里面的空气输送停止下来，那么，光的亮度自然就会变得很微弱，甚至是熄灭了。

一些外界的刺激，将会对气管产生影响。这盏精致的小灯——萤火虫身后最后一节上的两个小点，哪怕只有一点点的侵扰，就会立刻熄灭。只要我稍微有一点儿不经意，脚步发出一点儿声响，或者不知不觉（没有意识到，没有觉察到）地触动了旁边的一些枝条，那光亮立刻就会消失掉，这个昆虫自然也就不见了。我也就失去了捕捉对象，又浪费了一次机会。

然而，雌萤火虫的光带，即便是受到了极大的惊吓与扰动，都不会受到多么大的影响。到目前为止，我们根本没有什么办法能让它们全体熄灭光亮。

从各个方面来看，毫无疑问，萤火虫千真万确(形容情况非常确实)地能够控制并且调节它自己的发光器官，随意地使它更明亮，或更微弱，或熄灭。如果我们从它发光的地方割下一片皮来，把它放在玻璃瓶或管子里面，虽然并没有像在活着的萤体上那么明亮耀眼，但是，它也还是能够从容地发出亮光的。因为，对于发光的物质而言，是不需要生命来支持的。原因在于，能够发光的外皮直接和空气相接触而起作用。因此，气管中氧气的流通也就不必要了。就是在那种含有空气的水中，这层外皮发出的光也和在空气中发出的光同样明亮。如果是在那种已经煮沸过的水里，由于空气已经被“驱逐(驱赶或强迫离开)”出去了，于是，发出的光就会渐渐地熄灭。再没有更好的证据来证明萤火虫

的光是氧化作用的结果了。

萤火虫发出来的光是白色而且平静的。另外，它的光对于人的眼睛一点儿也不刺激，很柔和。看过这种光以后，便会很自然地让人联想到它们简直就像那种从月亮里面掉落下来的一朵朵可爱的洁白的小花朵，充满着诗情画意（诗画一般的美好意境）的温馨。虽然这种光亮十分灿烂，但是同时它又是很微弱的。如果我们在黑暗中捉住一只小萤火虫，然后把它的光向一行油印的字上照过去，便会很容易地辨别出一个一个的字母，甚至也可分辨出不是很长的词来。不过，超过了这份光亮所涉及到的比较狭小的范围以外，就什么都看不清楚了。不过，这样的灯，光亮太过**微弱**，不久就会令读书人厌倦的。

但是，这些能够发出光亮的小动物，这些本该是心中一片光明的小昆虫，事实上却是一群心里很黑暗的家伙。它们对于整个家族的感情完全不存在。家庭对于它们而言是无足轻重（指无关紧要）的。柔情对于它们也是没有丝毫实际意义的。它们随处产卵，有时产在地面上，有时产在草叶上。无论何时何地，它

都可以随意散播自己的子孙后代。真可谓四处闯荡，四海为家，随遇而安（指能顺应环境，在任何境遇中都能满足）。而且，它们产下卵以后，就再也不会去注意那些卵了，随它们自生自灭，自然生长。

从生到死，萤火虫总是发着亮光的。甚至连它的卵也是要发光的，幼虫也是如此。当寒冷的天气马上就要降临时，幼虫就会立刻钻到地面下去，但是并不钻得很深。假如从地面下把它轻轻地掘起来，人们仍然能够看到它亮着的小灯。即使在土壤的下面，它的小灯还是亮着的，永远为自己留一盏希望的灯！

萤火虫的光亮产生于它的呼吸器官。这些能够发出光亮的小动物竟然是一群心里很黑暗的家伙。我们可不要被表象所迷惑呀！

黄蜂

一、黄蜂的巢

我带着小儿子保罗去野外看黄蜂巢，我们做了详细的计划，我们看到了一个伟大的工程，真是不虚此行。你们想知道我们看到了什么吗？

在九月的一天，我和我的小儿子保罗到野外去，想看一看黄蜂巢。

小保罗眼力非常好，再加上注意力也集中，努力地寻找着。

忽然，小保罗指着不远的地方，冲我喊起来：“看！黄蜂巢。”

我定睛（眼睛盯住一处，形容视线集中）一看，就在前边，一个黄蜂的巢，清清楚楚地摆在那里！大约二十码以外的地方，一种飞得很快的昆虫，一个挨着一个地从地面上飞跃而出，迅速地向着四面八方飞去，好像那些草丛里面隐避着小小的即将爆发的火山，马上要将它们一个个喷出来似的。

我们谨慎地走近那个地方，生怕一不小心，惊动了那些凶猛的家伙。

在这些小黄蜂住所的门边，有个圆圆的裂口，口的大小约有人的大拇指那么大。它们同居一室，来来去去，进进出出，摩肩接踵（肩碰着肩，脚碰着脚。形容人多拥挤）地飞来飞去，忙个不停。

突然，听到“噗”的一声，我不觉吃了一惊，马上明白过来。如果再观察下去就意味着要“牺牲”我的安全了。

我们记住了那个地方，以便日落时分再来。

我对小保罗说：“夕阳西下的时候，巢里的居住者们从野外集体归来，那会是另一番壮观的景象。”

当一个人决定要征服黄蜂的巢时，就要准备一些必备的东西：半瓶石油，九寸长的空芦管，一块坚实的黏土，这是我们全部的装备。这些物品与经验对我而言，既是最简单的，也是再好不过的了。

有一种方法对我是至关重要的，那就是窒息（呼吸困难甚至停止）法。

在还没有挖出我想要的蜂巢之前，我先仔细地思考了几次。然后，才开始了我的计划。首先，将巢穴里的居民闷住，不一会儿黄蜂就会窒息而死，这样黄蜂就不会刺我了。当然，这是个很**残忍**的方法，但也是一个最安全有效的方法，可以让我不至于身处险境。我选用石油，因为它的气味不太大，刺激作用也不是那么**猛烈**。

我把一根空芦管插进一个大约九寸长的隧道里面，芦管就成了一根自动引水管。

这样石油便可以顺着导管流入洞穴中，一点儿也不会漏掉，而且，速度也很快。

然后，我们再用一块事先捏好的泥土，像用瓶塞一样，塞住出入孔的道口，断绝（阻断）黄蜂的后路。我们要做的工作完了，剩下的就是等待了。

第二天清晨，我们带上一把锄头和一把铁铲，回到老地方。在孔道上面，芦管依然插在那里，我和小保罗挖了一条沟，宽度刚好能容下我们两个，行动起来很方便。于是，我们从沟道的两边开始挖。小心地一片一片地铲着。挖了一会儿，差不多有二十寸深，蜂巢便露了出来。它们吊在土穴的屋脊中，一点儿也没有被损坏，完好地摆在那里，这真让我们兴奋呀。

这是一个壮观（雄伟的景象）的建筑！整个黄蜂巢有南瓜那么大。除去顶上的一部分，各个地方都是悬空的，顶上生长有很多的根，其中数量最多的是茅草根，它穿透很深的

"墙壁"进入墙内，和蜂巢结在一起，非常**坚实**。如果那里的土地是软的，它的形状就会成圆形，各部分都会同样坚固；如果那地方的土地是沙子的，那么掘凿时就会遇到阻碍，蜂巢的形状也就变化了。

在低巢和地下室的旁边，常常留有手掌大的一块空隙（中间空着的地方），这块地方是宽阔的"街道"。这些建筑者，在里面可以自由走动，做各自的工作，它们用自己的"双手"，使窠巢变得更大更坚固。通向外面的那条孔道，也通向了这里。在蜂巢的下面，还有一块更大的空隙，形状是圆的，就像一个大圆盆，在蜂巢扩建时，可以增大体积。这个空穴还可以作为**放置**废物的垃圾箱。这里的设施好齐全呀！

地穴是黄蜂们用自己的"双手"挖掘出来的。当初，黄蜂们一定是占用了鼹鼠的劳动成果，把这个洞穴加以改造，建构了黄蜂的家园。看着这个精巧（精致巧妙）的建筑，我想：筑巢的大部分工作应该还是黄蜂们自己的功劳。它们将挖出的泥土丢弃在不引人注意的地方。有成千上万的小黄蜂参与了这个伟大的工程，必要的时候，还要将它扩大。每只黄蜂飞出洞穴时，身上都会带一粒土，将土抛散到远离巢穴

的开阔地带，洞穴的周围没有一点儿痕迹。

黄蜂的巢是用一种又薄又软的材料做成的。小保罗看着我问："是什么材料呀？"我想了想答道："是木头的碎屑（碎片），这种碎屑就像一种棕色的纸。"

黄蜂把它们的低巢做成宽宽的，鳞片的形状，一片片松松地铺起来，显出很多层次来，整个巢穴形成粗粗的毛毯状，厚厚的，软软的，多多的小孔，里面充满了大量的新鲜空气。

大黄蜂在杨柳的树孔中，或是在空的壳层里，它用木头的碎片，做成脆弱的黄色的纸板。用这种材料来包裹它自己的窠。一层层相互地重叠着，就像块凸起的大鳞片，可以想象这里有多么温暖！大鳞片的中间有很多空隙，空气停留在里面也不会流动。

黄蜂建筑巢穴遵循着物理学原理和几何学定律（客观规律的概括）。它们利用空气这个不良导体来保持家里的温度。早在人类还没想到做毛毯的时候，

黄蜂就已制出了这种技艺高超的“大毛毯”。它们在建筑窠巢的外墙时，用很小的外围，造出很多的房间，这些小房间面积虽小，同样经济耐用。

这些建筑家们有着如此聪明的**才智**，但让我感到奇怪的是：当它们遇到最小的困难时，居然会束手无策（遇到问题，就像手被捆住一样，一点办法也没有），无比笨拙。一方面，它们得益于大自然的本能指导，它们都是优秀的建筑家；而另一方面，它们没有思考能力，智力低下。我用了几个试验加以证明这个观点。

碰巧，黄蜂将自己的房子**安置**在我家花园里，于是，我就用一个玻璃罩做了个试验。

第二天清晨，温暖的阳光落在亮晶晶的玻璃罩上。这些工作者成群地由地下飞了上来，急着出去觅食。我把玻璃罩盖在它们的巢穴上，它们一次又一次地撞在透明的“墙壁”上，跌落下来，然后，又不死心地重新飞上来。就这样，团团飞转不停，反复尝试，丝毫没有放弃的意思。最终，也没有一只黄蜂大智大勇（指非凡的才智和勇气），伸出手足，

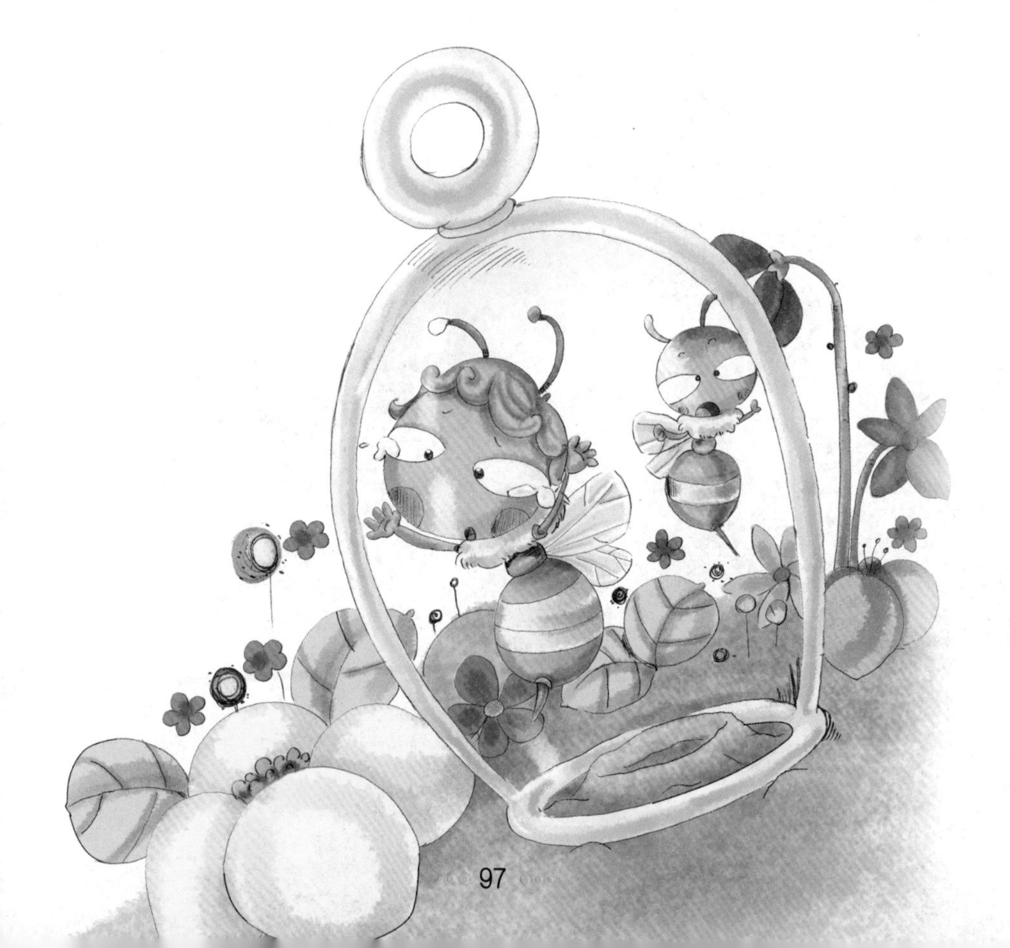

去玻璃罩的边缘，向下边刨泥土，开辟新的逃生之路。它们不能想办法逃脱障碍，它们的智慧是多么有限啊！

从原野里返回的黄蜂们可以另辟新路，**毫不费力**地回到自己的家中。原因在于：从泥土外面可以嗅到它们的家，并去寻找它。这是大自然给予黄蜂的一种本能：想方设法地投入家的怀抱，

每一个黄蜂都已经十分熟悉这些了。

但是，对于那些不幸被罩在玻璃罩里的黄蜂来说，就没有这种本能来帮助它们逃离了。它们走投无路（比喻处境极困难，找不到出路），别无选择，只能守着与生俱来的老习惯，这样，生的希望越来越小，逐渐将自己推向无奈的死亡。

黄蜂的巢是用木头的碎屑做成的，这种碎屑就像一种棕色的纸。黄蜂无疑是个优秀的建筑家，可是它们没有思考能力，智力低下。

二、黄蜂的几种习性

名师导读

蜂巢里面是什么构造呢？黄蜂和工蜂分头工作，那么它们有着怎么样的分工呢？

我们掀开蜂巢，可以看到里面隐藏（隐蔽躲藏，不让别人发现）着许多蜂房，上下排列着几层，中间用稳固坚实的柱子紧密地连在一起，层数有多有少。各个小房间的口都是向下的。

在这里，幼蜂无论是睡觉还是吃饭，都是脑袋朝着下边的，倒挂金钟。

一层一层的蜂房层像一层层的楼房，有广大的空间把它们分隔开。在外壳与蜂房之间，有一条门路与各部分是相通的。经常有许多的守护者进进出出，负责照顾幼虫。

在蜜蜂群中，生活着数量巨大的黄蜂。它们将自己全部的生命投入到万分辛劳的工作中。它们

的主要职责就是：当“人口”不断增加的时候，不停地扩建蜂巢，让新的“公民”居住。尽管它们并没有自己的幼虫，可它们呵护巢内的幼虫，就像照顾自己的孩子一样，**无微不至**。

为了观察它们的工作，了解快到冬天时会有什么事情发生，十月时，我在盖子下面放了少量巢穴的碎片，里面居住着很多的卵和幼虫，而且，还有一百多个工蜂细心地**看护**着它们。

为了观察，我将蜂房分隔开，让小房间的口朝上，然后并排放着。这样颠倒的排列，没有使我的这些囚徒(囚犯，犯人)们烦恼，它们很快就适应了这种被打扰的情形，恢复了原来的空间状态，重新开始忙碌而辛勤地工作，似乎什么也没发生过一样。

事实上，它们需要再修建一点新东西。所以，我选择了一块软木头送给它们，并且用蜂蜜喂养它们，满足它们的需求。之后我又拿来一个用铁丝盖着的大泥锅，代替隐藏蜂巢的土穴，再盖上一个可以移动的纸板，做成圆形的，使里面变得十分黑暗。当我需要亮光时，再将它移开。

黄蜂继续着它们的日常工作，工蜂们一方面要照料蜂宝宝，一方面要照顾好自己的房子。它们开始慢慢筑起一道新的铜墙铁壁。这道墙壁围绕着封闭的蜂房。看起来，它们好像要重新再建筑一个新的外壳了，一定是想取代被我毁坏的外壳。

但是，它们不是简单地修修补补，而是从被毁

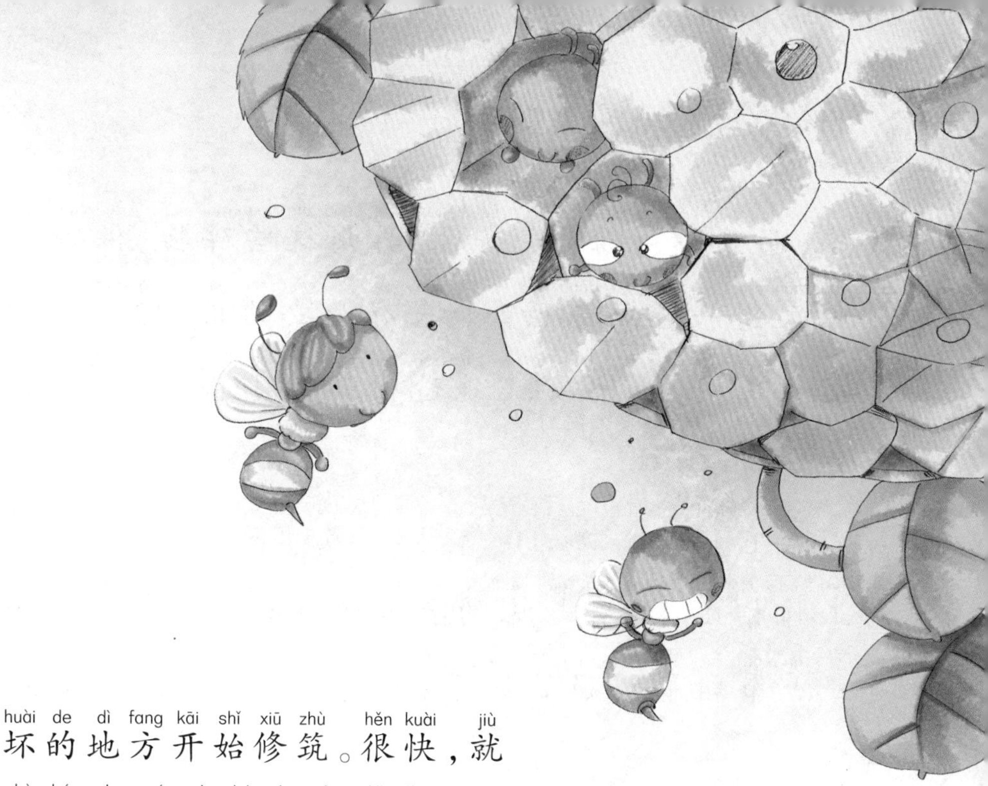

huài de dì fang kāi shǐ xiū zhù hěn kuài jiù
坏的地方开始修筑。很快，就
zhù chéng le yí gè hú xíng de zhǐ lín piàn shì de fáng dǐng zhē gài zhù le dà
筑成了一个弧形的纸鳞片似的房顶，遮盖住了大
yuē sān fēn zhī yī de fēng fáng
约三分之一的蜂房。

zhì yú nà kuài ruǎn mù tou tā men gēn běn bù lǐ cǎi shèn zhì lián pèng
至于那块软木头，它们根本不理睬，甚至连碰
dōu bú pèng yí xià tā men nìng yuàn fàng qì tā jì xù xuǎn yòng nà xiē yǐ jīng
都不碰一下。它们宁愿放弃它，继续选用那些已经
fèi qì bú yòng le de jiù cháo yīn wèi zài zhè xiē jiù
废弃（弃置不用，抛弃）不用了的旧巢。因为，在这些旧
de xiǎo cháo li bú yòng làng fèi hěn duō de tuò yè chóng xīn zhì zuò xiān wéi zhǐ
的小巢里，不用浪费很多的唾液重新制作纤维，只
xū xiāng dāng shǎo de tuò yè zài yòng tā men de dà sāi zǐ xì jǔ jué jǐ xià
需相当少的唾液，再用它们的大腮仔细咀嚼几下，
biàn kě xíng chéng shàng děng de jiàng hu zhè kě shì xiāng dāng hǎo de jiàn zhù cái
便可形成上等的糨糊，这可是相当好的建筑材
liào ya
料呀。

xià yí bù tā men huì yì qǐ bǎ bù jū zhù de xiǎo fáng jiān tōng tōng
下一步，它们会一起把不居住的小房间通通

毁掉，而且毁得粉碎。然后，再用这些碎物，做成一种像天篷一样的东西。如果有必要的话，它们也会再次利用同样的方法，筑造出新的小房间，用来居住与活动。

与它们齐心协力（形容认识一致，共同努力）筑造屋顶的工作相比，更有趣味的要算喂养幼虫了。刚才还是一个个粗暴刚强的汉子，摇身一变，这会儿就成

了**温柔体贴**的保姆了；充满了战斗气息的军营一样的窠巢，立刻变成了温馨的育婴室了。真是妙趣横生啊！

喂养好小宝宝，是需要相当的耐心的。我观察到在黄蜂嗉囊里，充满了蜜汁。只见，一只黄蜂停在一个小房间前，把它小小的头慢慢地伸进洞口里，再用触须尖儿轻轻地碰一碰里面的小幼虫。那个小宝宝慢慢地醒过来，向它微微地张开小嘴。小宝宝的样子真像一只刚刚出生的小鸟，正在向妈妈伸出小嘴，急切地索要食物一般，让人感到一阵温馨（温柔甜美，温暖馨香）。

一滴浆汁从“小保姆”的嘴里流出来，流进那个被看护着的小嘴里。仅仅这一点就足够一个小宝宝享用了。

小宝宝们通过口对口地交接食物，**享受**着蜜汁。但是，进食并没有结束。因为，在喂食的时候，幼虫的胸部会暂时膨胀起来，就如同一块围嘴或餐巾纸一样，从嘴里流出来的东西全都滴

luò zài shàng miàn zhè yàng děng bǎo mǔ zǒu hòu xiǎo bǎo bao men jiù huì zài tā
落在上面。这样等保姆走后，小宝宝们就会在它
men zì jǐ de wéi zuǐ shang shì lái shì qù shǔn xī zhe dī zài xiōng bù de
们自己的“围嘴”上舐来舐去，吮吸着滴在胸部的
mì zhī jìn qíng de xiǎng shòu zhe měi wèi de shí wù yì diǎn er yě bú làng
蜜汁，尽情地享受着美味的食物，一点儿也不浪
fèi dà bù fen de mì zhī
费（不充分利用，不珍惜，不必要地废弃）。大部分的蜜汁
yān xià hòu yòu chóng xiōng bù de gǔ zhàng biàn huì zì rán de xiāo shī ér
咽下后，幼虫胸部的鼓胀便会自然地消失。而
hòu yòu chóng yòu huì huí dào fēng cháo li jì xù huí dào tā de tián mì de
后，幼虫又会回到蜂巢里，继续回到它的甜蜜的
mèng xiāng li
梦乡里。

dāng huáng fēng zài wǒ de lóng zi li wèi yǎng xiǎo bǎo bao shí xiǎo yòu chóng
当黄蜂在我的笼子里喂养小宝宝时，小幼虫
men de tóu shì cháo shàng de cóng tā men de xiǎo zuǐ li yí lòu chū lái de dōng
们的头是朝上的，从它们的小嘴里遗漏出来的东
xi zì rán huì dī luò zài tā men de wéi zuǐ shàng miàn zài fēng cháo li wèi
西，自然会滴落在它们的“围嘴”上面。在蜂巢里喂
yǎng tā men de shí hou xiǎo bǎo bao de nǎo dai zé shì cháo xià de dàn shì wǒ
养它们的时候，小宝宝的脑袋则是朝下的，但是，我
bìng bù xīn cún huái yí jiù shì zài zhè yàng tóu xiàng xià de wèi zhì shang xiǎo yòu
并不心存怀疑，就是在这样头向下的位置上，小幼
chóng de wéi zuǐ réng néng fā huī zuò yòng
虫的“围嘴”仍能发挥作用。

yuán yīn zài yú zhè zhǒng shí pǐn fēi cháng yǒu nián xìng kě yǐ láo láo
原因在于，这种食品非常有黏性，可以牢牢
de fù zhuó zài wéi zuǐ shang kě yǐ shuō zhè kuài xiǎo xiǎo de wéi zuǐ
地附着在“围嘴”上。可以说，这块小小的“围嘴”
jiǎn zhí jiù shì yí gè jì fāng biàn yòu jí shí de
简直就是一个既方便又及时（逢时，得到有利时机）的
xiǎo dié zi tā jì jiǎn shǎo le wèi shí gōng zuò de kùn nan yòu bì miǎn le
小碟子，它既减少了喂食工作的困难，又避免了
xǔ duō bú bì yào de má fán hái yǒu yí gè hǎo chù nà jiù shì bú zhì yú
许多不必要的麻烦。还有一个好处，那就是不至于

让小宝宝们吃得太饱，撑坏了小肚皮。

黄蜂是一种不**好客**的生灵，从不热情招待宾客，更不允许其他动物随意进入自己的家园。即使来访的客人的外表与它们极为相似，工作也相同，也是绝对不行的。黄蜂可不会轻易地放过任何不请自来，不知趣的客人。

假如闯入境内的不速之客（指没有邀请突然而来的客人），是个相当有杀伤力，而且凶猛无比的家伙，当它受到群攻而牺牲后，其尸体会马上被众蜂拖到蜂巢外面，抛弃在垃圾堆里，真是**可怜**。但是，黄蜂不会轻易地动用它那有毒的“短剑”，时常手下留情。

如果我把另一种昆虫的幼虫宝宝，放到黄蜂群里，对于这条绿黑色的小龙一样的侵入者，它们也会表示出很大**兴趣**。先是向它发起进攻，把它弄伤，但是不用它们带毒的“短剑”。然后，众蜂一起，要把它拖出巢去。这条“小龙”也不服输（认输，承认失败），不断地进行抵抗，用它的钩子钩

住蜂房，有时用前足，有时用后足。最终，这条可怜的“小龙”还是因为伤势太重，或是太软弱，被有力的黄蜂拉了出去。这条“小龙”很惨，小小的身体上满是血迹，被一直拖到垃圾堆上去。黄蜂们驱赶这样一条并无什么力气的可怜虫也并不**轻松**，耗费了足有两个小时呢！

如果把一个魁梧点的幼虫宝宝放在蜂巢里，结果就大不相同了！这时，会有五六只黄蜂拥上来，立即用有毒的针刺向它。不一会儿，这只较强壮有力的幼虫就会**一命呜呼**。这么笨重的尸体，很难把

它搬到巢外。黄蜂们就用其他方法，比如吃掉它，真是残忍（残暴狠毒）；或者是将尸体分成小块，然后再拖到外面。

鉴赏心得

喂养幼虫的黄蜂，立即从一个粗暴刚强的汉子变成了温柔体贴的保姆。对待幼虫这样体贴的黄蜂，对待客人却是冷冰冰的，甚至对它们“痛下杀手”。

三、黄蜂悲惨的结果

你知道伟大的建筑师黄蜂会活到多少岁吗？它们又是怎样对待生病的小幼虫呢？会不会一如既往的照顾它们？

小幼虫们一天天茁壮成长着，黄蜂家族日益兴旺起来。不过，也有例外。病宝宝不能继续享用蜜汁，不能进食，渐渐地，一点点憔悴下去，衰弱下去。那些小保姆们比我更早更清楚地知晓这一切。它们无奈地把头轻轻弯下，用触须小心地去试探一下，最后得出结论：这些病者无药可救（无法救治、治愈）。于是，它们毫不吝惜地把病宝宝拖到蜂巢的外面。

在黄蜂的社会里，久病者就是一块没有用的垃圾，越早处理掉越好，否则就有传染的危险，为了保全大家，只得这样，这就是黄蜂的“集体主义精神”。

冬天渐渐来临，黄蜂们都已预感到：末日来临了。

十一月，寒冷的夜里，蜂巢内部发生了巨变。大搞基础建设的热情逐渐**衰退**，整个家庭放任自由。无人照看的幼虫由于饥饿大张着嘴，也许偶尔有几个保姆前去关怀一下。这样的季节里，小保姆们怀着深深的惆怅，它们从前的热情荡然无存（形容东西完全失去，一点儿也没有留下），最终变为厌倦。从前温柔体贴的小保姆变成**不可思议**的杀手。

小保姆们对自己说："我们没有必要留下这么多的孤儿。不久后，我们将离开这个世界，还能有谁来照顾这些可怜的后代呢？没有。既然是这样，不如让我们结束它们的生命。同样是死亡，总比那种慢慢被饥饿煎熬而死要强得多，**长痛不如短痛**！"

接下来便上演了一场凶残的大屠杀。黄蜂们残忍地咬住小幼虫的脖子，然后粗暴地把它们从小房间里拖出来，抛到土穴底下的垃圾堆，情景简直惨不忍睹（凄惨得叫人不忍心看）！

至于那些小卵，会被工蜂们撕扯开来，然后把它们吃掉。

此后，这些小保姆即刽子手，毫无生气地留着它们自己的生命。**出人意料**的是，这些工蜂忽然间都死掉了一样。它们跑到上面，跌下来，仰卧着，从此再也没有爬起来，如同触了电一般，瞬间死亡。是的，它们有着自己的生命周期。它们被时间这个无情的杀手杀死了。

母蜂是蜂巢中最迟出生的，它们既年轻，又

强壮。当严冬降临，它们有能力抵挡一阵。末日已经临近，很容易就能从它们的外表上分辨出来，病态（病状，泛指事物的不正常状态）满容。

它们的背上沾满了泥土。在它们年轻健壮的时候，特别注意外表，一旦发现有尘土，立即“洗净”，它们黑、黄色的外衣总是清洁而光亮。然而，当它们生病时，已经无力顾及外表，因为这已不再

重要，也没有任何意义了。

对装束的忽视，就是一种不祥的征兆。再过两三天，这个身上带有尘土的动物，最后一次离开它自己的巢穴。它跑出来，最后一次享受阳光。忽然，它也跌倒了，死去了。它尽量避免死在巢里。在这儿，有一条不成文（一种习惯或者未经书面描述的通常做法）的“法律”，那就是蜂巢里要绝对保持干净。无论黄蜂世界中的人口如何增加，如何减少，这一传统不能打破。

我的笼子里，一天天地空起来。虽然这个屋子仍然暖和，依然有着丰富的蜜汁，可供剩下来的健康者食用。圣诞节来临时，仅剩下十几只雌蜂。我记得很清楚，一月六日那天，最后一只黄蜂死去了。

这种死亡是从何而来？它们为何必须被死神召唤而去呢？

这不是我的错，即便是在野外，也会发生同样的事。十二月末，我到野外去，发现黄蜂同样会在这个时候死去。

到了这个时候，蜂巢自己毁灭（彻底破坏，消灭）。一种会变成蛾子的毛虫，一种赤色的小甲虫，还有一种身着金丝绒外衣的小幼虫，它们都会攻击、毁灭蜂巢里的生灵。它们用锋利的牙齿，破坏整个蜂巢里的建筑。最后剩下的，只有几把尘土和几片棕色的纸片。

第二年春天，黄蜂们又用这些废物，重新建造起属于它们自己的家园。新的结构精巧而**坚固**，在这里面居住着约有三万“居民”——一个庞大的家族。它们一切从零开始；它们继续繁衍（繁殖衍生，逐

hòu dài　wèi yǎng xiǎo bǎo bao　jì xù gòng tóng dǐ yù wài dí　jì xù
渐增多)后代，喂养小宝宝；继续共同抵御外敌；继续
gòng tóng yǔ dà zì rán kàng zhēng　wèi zì jǐ de ān quán ér zhàn　wèi fēng cháo de
共同与大自然抗争，为自己的安全而战，为蜂巢的
shēng huó ér máng lù　kuài lè de gòng xiàn zì jǐ de yí fèn lì liàng　shēng mìng
生活而忙碌，快乐地贡献自己的一份力量。生命
bù xī fèn dòu bù zhǐ
不息奋斗不止！

蜂巢最后被黄蜂们破坏，小幼虫被黄蜂们毫不吝惜地丢出去了，直到第二年，它们会再重新建造自己的家园。

蟋蟀

一、蟋蟀

在各种各样的昆虫里，只有蟋蟀拥有稳定的住所。真好奇蟋蟀的家是什么样子的，你是不是也同样好奇呢？

居住在草地里的蟋蟀，差不多和蝉是一样有名气的。它之所以如此名声在外，主要是因为它的住所，还有它出色的歌唱才华。

在我的一位朋友所作的一首诗中，表现出蟋蟀对于生活的**热爱**。

下面就是我的朋友写的那首诗：

曾经有个故事是讲述动物的，
一只可怜的蟋蟀跑出来，
到他的门边，
在金黄色的阳光下取暖，
看见了一只趾高气扬的蝴蝶儿。
她飞舞着，

hòu miàn tuō zhe nà jiāo ào de wěi ba
后面拖着那骄傲的尾巴，

bàn yuè xíng de lán sè huā wén
半月形的蓝色花纹，

qīng qīng kuài kuài de pái chéng cháng liè
轻轻快快地排成长列，

shēn huáng de xīng diǎn yǔ hēi sè de cháng dài
深黄的星点与黑色的长带，

jiāo ào de fēi xíng zhě qīng qīng de fú guò
骄傲的飞行者轻轻地拂过。

yǐn shì shuō dào fēi zǒu ba
隐士说道：飞走吧，

zhěng tiān dào nǐ men de huā li qù pái huái ba
整天到你们的花里去徘徊吧，

bú lùn jú huā bái
不论菊花白，

méi guī hóng
玫瑰红，

dōu bù zú yǔ wǒ dī āo de jiā tíng xiāng bǐ
都不足与我低凹的家庭相比。

tū rán
突然，

lái le yí zhèn fēng bào
来了一阵风暴，

yǔ shuǐ qín zhù le fēi xíng zhě
雨水擒住了飞行者，

tā de pò suì de sī róng yī fu shang rǎn shang le wū diǎn er
她的破碎的丝绒衣服上染上了污点儿，

tā de chì bǎng bèi tú mǎn le làn ní
她的翅膀被涂满了烂泥。

xī shuài cáng nì zhe
蟋蟀藏匿着，

lín bú dào yǔ
淋不到雨，

yòng lěng jìng de yǎn jing kàn zhe
用冷静的眼睛看着，

fā chū gē shēng
发出歌声。

fēng bào de wēi yán yǔ tā háo bù xiāng guān
风暴的威严与他毫不相关，

kuáng fēng bào yǔ cóng tā de shēn biān wú ài de guò qù
狂风暴雨从他的身边无碍地过去。

yuǎn lí zhè shì jiè ba
远离这世界吧！

bú yào guò fèn xiǎng shòu tā de kuài lè yǔ fán huá
不要过分享受他的快乐与繁华，

yí gè dī āo de jiā tíng
一个低凹的家庭，

ān yì ér níng jìng
安逸而宁静，

zhì shǎo kě yǐ gěi nǐ yǐ bù xū yōu lǜ de shí guāng
至少可以给你以不须忧虑的时光。

从这首诗里，我们就可以认识一下可爱的蟋蟀了。

我经常可以在蟋蟀住宅的门口看到它们正在卷动着它们的触须，以便使它们身体的前面能够凉快一些，后面能更加暖和一些。

在建造窠穴以及家庭方面，蟋蟀可以算是超群出众的了。在各种各样的昆虫之中，只有蟋蟀在长大之后，拥有固定的家庭，这也算是它辛苦工作的一种报酬吧！

正当其他的或许正在过着孤独流浪的生活，或许是卧在露天地里，或许是埋伏在枯树叶、石头和老树的树皮底下的昆虫，正为没有一个稳定的家庭而烦恼时，蟋蟀却成了大自然中一个拥有固定居所的优越“居民”。由此可见，它是有远见意识的。

要想做成一个稳固的住宅，并不那么简单。

然而，这难不住蟋蟀。它们会非常**慎重**地为自己选择一个最佳的家庭住址。那些排水条件优良，并且有充足而温暖的阳光照射的地方都被视为佳地，是蟋蟀会优先选择的住处。蟋蟀会自己挖掘住所，从它的大厅一直到卧室。

蟋蟀拥有自己的家，这个家有很多人类所不知道的优点：它是个安全可靠的躲避场所，能给蟋蟀带来享受不尽的舒适（舒服安逸）感，同时，在这个家的附近地区，谁都不可能居住下来，成为蟋蟀们的邻居。

我们不知道这样一种小动物是怎样拥有这样的才能的。

我到处搜寻着它们的窠穴是为了更深入地了解它们。忽然想起来孩童时代发生的事情，这些事情还像是在昨

天发生的一样。当我的一个小同伴——小保罗——他非常擅长利用草须，在长时间地实施他的战略战术之后，忽然，他十分激动而**兴奋**地叫起来：“我捉住了一只可爱的小蟋蟀！”

“动作快一点儿，”我对小保罗说道，“我这里有一个袋子。我的胜利品，乖乖地住进去吧，你可以在袋子里面安心居住，里面有充足的饮食。不过，有个条件，那就是，你可一定不要让我们失望啊！我们很想知道一些我们渴望（迫切地盼望）知道而且正在苦苦寻觅的答案。而这些事情中，需要你做的头一件事，便是把你的家给我看一看。”

真是可爱的蟋蟀，它的家是个安全可靠的躲避场所，给它带来了享受不尽的舒适感。对于人类来说，家永远是我们避风的港湾。

二、蟋蟀的住所

我终于看到了蟋蟀的住所，我还听到了蟋蟀温馨悦耳的音乐。那么，蟋蟀是什么时候开始建造它的巢穴呢？蟋蟀的宝宝又是怎样一点点长大的呢？

在那些青青的草丛之中，具有一定倾斜度的隧道，这些可爱的小隧道不注意看的话不容易看出来。在这里，即便是下了一场滂沱（形容雨下得很大）的暴雨，也会立刻就干了的。这个隐蔽的隧道，最多不过九寸深，宽度也就像人的一个手指头。隧道**按照**地形的情况和性质，有弯曲，也有垂直的。一叶草把这间住屋半遮掩起来，把进出洞穴的孔道遮蔽起来。蟋蟀在出来吃周围的青草的时候，决不会去碰一下这片草。

用扫帚打扫干净，把住所收拾得很宽敞。这里就是它们的一座平台，每当四周很宁静的时候，蟋蟀就会聚集在这里，开始弹奏它的“四弦提琴”了。多

么温馨悦耳（动听，好听）的音乐啊！

屋子的内部并没有什么特别的装饰，有暴露的，但是墙并不粗糙。隧道的底部就是卧室，这里比别的地方修饰得略微**精细**些，并且宽敞些。大体上说，这是个很简单的住所，非常干净，也不潮湿，一切都符合卫生标准。

如果想要知道它是什么时候开始**动工**进行这么大的工程的，我们一定要回溯到蟋蟀刚刚下卵的时候。

蟋蟀只把卵产在深约四分之三寸的土里，这一点和黑螽斯相似，它把它们排列成群，总数大约有五百到六百个。这种卵很奇特（不寻常，特别），孵化以后，看起来很像一只灰白色的长瓶子，瓶顶上有一个整齐的孔。孔边上有一顶小帽子，像一个盖子一样。

盖子会掉下来，但这并不是因为幼虫在里面不停地冲撞把盖子弄破了，而是因为有一种环绕着的线，这种线抵抗力很弱，它自己会自动裂开。

卵产下两个星期以后，前端出现两个大的幼虫，幼虫待在襁褓中，穿着紧身的衣服，还不能完全辨别出来。你应当记得，螽斯来到地面上时，也一样穿着一件保护身体的紧身外衣。蟋蟀和螽斯是同类动物，虽然事实上它并不需要，但它也穿着一件同样的保护身体的紧身衣服。螽斯的卵留在地下有八个月之久，它要同已经变硬了的土壤搏斗（激烈地对打）一番才能从地底下出来，因此需要一件长衣保护它的长腿。但是蟋蟀整体上比较短粗，

luǎn zài dì xià yě zhǐ yǒu jǐ tiān
卵在地下也只有几天，
ér qiě tā cóng dì dǐ xià chū
而且它从地底下出
lái yě yòng bù zháo hé tǔ
来也用不着和土
dì xiāng kàng zhēng ér
地相抗争，而
shì zhǐ xū chuān guò fěn
是只须穿过粉
zhuàng de ní tǔ jiù kě yǐ
状的泥土就可以
le yīn cǐ xī shuài bù
了。因此，蟋蟀不
xū yào wài yī yú shì tā jiù
需要外衣，于是它就
bǎ zhè jiàn wài yī pāo qì zài hòu miàn
把这件外衣抛弃在后面
de ké li le
的壳里了。

dāng xī shuài cóng qiǎng bǎo zhōng chū lái shí tā de shēn tǐ chà bù duō wán
当蟋蟀从襁褓中出来时，它的身体差不多完
quán shì huī bái sè de zhè shí yǐ jīng kāi shǐ hé yǎn qián de ní tǔ bó dòu
全是灰白色的，这时已经开始和眼前的泥土搏斗
le
了。

èr shí sì xiǎo shí guò hòu xī shuài biàn chéng le yì zhī hēi tán sè de
二十四小时过后，蟋蟀变成了一只黑檀色的
xiǎo hēi chóng yǐ jīng hé fā yù wán quán de xī shuài hěn xiāng sì
小黑虫，已经和发育（萌发，生长）完全的蟋蟀很相似
le ér tā quán bù de huī bái sè dào zuì hòu zhǐ liú xià lái yì tiáo wéi rào zhe
了，而它全部的灰白色到最后只留下来一条围绕着
xiōng bù de bái jiān dài xī shuài shēn shang shēng yǒu liǎng gè hēi sè de diǎn qí
胸部的白肩带。蟋蟀身上生有两个黑色的点，其
zhōng shàng miàn de yì diǎn er jiù zài tóu shang nǐ kě yǐ kàn jiàn yì tiáo huán rào
中上面的一点儿就在头上。你可以看见一条环绕

着的，薄薄的、凸起的线。这条线就是壳将来裂开的地方。蟋蟀的卵是透明的，所以我们可以透过卵看见这个小动物身上长着的节。

在凸起的线的四周，壳的阻挡力会渐渐消失，卵的一端逐渐分裂开，在里面的小蟋蟀的头部推动（向前用力使物体前进或摇动）作用下，它升起来，落在一旁，像小香水瓶的盖子一样，蟋蟀就从壳里跳了出来。

当蟋蟀出去以后，卵壳还是长形的，光滑、完整、洁白，挂在口上一端的盖子像管子似的。小鸡是用嘴尖上的小硬瘤把鸡卵撞破的；而蟋蟀的卵显得更加巧妙，与象牙盒子相似，只用它

的头顶就足以把盖子打开了。

一个幼小的蟋蟀灵敏又很活泼，不停地跑来跳去，像是很**性急**的样子。

母蟋蟀为什么要产下这么多的卵呢？这是因为蟋蟀卵常遭到别的动物大量的残忍的屠杀，特别是小型的灰蜥蜴和蚂蚁的杀害，所以多数的小动物是要被处以死刑的。蚂蚁这种讨厌的流寇（到处流窜的盗匪），常常会把我们花园里的蟋蟀全部杀掉。它一口就能咬住这可怜的小动物。许多从蚂蚁口中逃脱而残生的蟋蟀，往往又成了黄蜂的牺牲品，黄蜂猎取到蟋蟀后，会把它们埋在地下。

直到十月末，寒气开始袭人时，蟋蟀才开始动手建造自己的巢穴。通过对养在笼子里的蟋蟀的观察我们会发现，蟋蟀建造巢穴的工作是很简单的。它们挖穴并不在裸露的地面上进行，而是常常在残留下来的食物如莴苣叶掩盖的地点进行，或者是在其他能代替草叶的东西掩盖的地点进行，为了使它的住宅更加隐蔽（借助别的东西遮盖掩藏），这些

掩盖物是不可缺少的。

蟋蟀挖穴时用它的前足扒着土地，并用大腮的钳子，咬去较大的石块儿。我看到它用强有力的后足蹬踏着土地，后腿上长有两排锯齿式的东西。同时，我也看到它**清扫**尘土将其推到后面，倾斜地铺开，这样就可以知道蟋蟀挖掘巢穴的全部方法了。

工作开始做得很快。在我笼子里的土中，蟋蟀钻在下面常常达两个小时之久，而且隔一小会儿，它就会到进出口的地方来。但是它常常是向着后面不停地打扫着尘土。如果它感到劳累了，它就在还没完成的家门口，头朝着外面，触须特别无力地摆动着，显出一副倦怠（疲乏懈怠，厌倦懈怠）的样子。这样休息一会儿后，它又钻进去，用钳子和耙继续劳作。接下来，蟋蟀休息的时间会渐渐加长，这使我感到有些不耐烦了。

洞口有两寸多深了，足够满足**一时之需**，挖穴这项工作最重要的部分已经完成了。余下的事情，就可以慢慢地做，今天做一点儿，明天再做一点儿，这个洞可以随着天气的变冷和蟋蟀身体的长大而继续加大加深。如果冬天的天气比较暖和，太阳照射到住宅的门口，蟋蟀还会从洞穴里面抛撒出泥土继续挖掘。即便是在春天尽情享乐（享受安乐）的天气里，这住宅的修理工作仍然继续不已。这种改良和装饰的工作，会不停歇地**持续**到主人死去。

四月末，蟋蟀开始唱歌，最初是一种生疏而又羞涩的独唱，不久，就合成在一起形成美妙的奏

yuè duì yú měi kuài ní tǔ lái shuō tā men yǎn zòu de shì duō me dòng tīng de
乐，对于每块泥土来说，它们演奏的是多么动听的
yīn yuè a tā men de gē shēng dān diào ér yòu wú yì shù gǎn dàn duì yú
音乐啊！它们的歌声单调而又无艺术感，但对于
méng yá de zhǒng zi hé chū shēng de yè piàn lái shuō què shì yì zhǒng jǐng xǐng de
萌芽的种子和初生的叶片来说，却是一种警醒的
gē sòng duì yú zhè zhǒng èr rén hé zòu de yuè qǔ wǒ men yīng gāi pàn dìng xī
歌颂。对于这种二人合奏的乐曲，我们应该判定蟋
shuài shì yōu xiù zhōng de shèng zhě tā de shù mù hé bú jiàn duàn de yīn jié zú
蟀是优秀中的胜者。它的数目和不间断的音节足
yǐ shǐ tā dāng zhī wú kuì bǎi
以使它当之无愧（当得起某种称号或荣誉，无须感到惭愧）。百

灵鸟的歌声停止以后，在这些田野上，生长着青灰色的欧薄荷，这些在日光下摇摆着芳香的批评家，仍然能够享受到这样朴实的歌唱家的赞美之歌，从而伴它们度过每一刻寂寞的时光。多么有益的伴侣啊！它给大自然以美好的**回报**。

蟋蟀宝宝们要成活下来要经历种种的灾难，只有通过这一项项灾难它们才能成活下来。可见，只有先历经苦难才能收获灿烂的阳光。

三、蟋蟀的乐器

蟋蟀是个著名的歌唱家，它拥有自己的乐器，我曾试图改变它使用乐器的方式，但是失败了。蟋蟀的歌声非常响亮，明朗而优美，让我们一起来欣赏吧！

蟋蟀和螽斯的乐器依据的是同样的原理，它不过是一只弓，弓上有一只钩子，以及一种振动膜。右翼鞘差不多完全遮盖着左翼鞘，只除去后面和转折（在发展过程中改变原来的方向）包在体侧的一部分，这种样式和我们原先看到的蚱蜢、螽斯，及其同类相反。也就是说，蟋蟀的翼鞘是右边的盖着左边的，而蚱蜢等则是左边的盖着右边的。

两个翼鞘分别平铺在蟋蟀的身上，它们的构造是完全一样的，所以知道一个也就知道另一个了。在旁边，突然斜下成直角，紧裹在身上，上面还长有细脉。

在前一部分的后端边隙的空隙中有五条或是

六条黑色的条纹，看来好像梯子的台阶。它们能互相摩擦，从而增加与下面弓的接触点的数目，以增强其振动。

在下面，围绕（包围，环绕）着空隙的两条脉线中的一条呈肋状。切成钩的样子的就是弓，长着约一百五十个三角形的齿。

弓上的一百五十个齿嵌在对面翼鞘的梯级里面，使四个发声器同时振动，下面的一对直接摩擦，上面的一对是摆动摩擦的器具，它只用其中的四只发音器就能将音乐传到数百码以外的地方。

蟋蟀是怎样调节曲调的呢？它的翼鞘向着两个不同的方向伸出，非常开阔。这就形成了制音器，如果把它放低

一点儿，那么就能改变其发出声音的强度。蟋蟀根据翼鞘与柔软的身体接触程度的不同，可以一会儿发出柔和的低声吟唱（吟咏歌唱），一会儿又发出极高亢的声调。

值得注意的是，蟋蟀身上两个翼盘是完全相似的。我可以清楚地看到上面弓的作用和四个发音地方的动作。但下面的那一个，即左翼的弓又有什么样的用处呢？

刚开始，我以为蟋蟀的两只弓都是有用的，至少它们中有些是用左面那一只的。

但是通过观察发现，我所观察过的那么多蟋蟀都是右翼鞘盖在左翼鞘上的，没有一只例外（在一般规律、规定、常规之外）。

我甚至用人为的方法，保证不碰破一点儿皮地使蟋蟀的左翼鞘放在右翼鞘上。

我很希望蟋蟀在这种状态下仍然可以尽情地歌唱，但令我失望的是，它最终又回复到原来的状态。

后来我想这种试验应该在幼虫刚刚蜕去皮的时候进行，因为这时它的翼鞘还是新的、软的。我得到刚刚蜕化的一只幼虫，在这个时候，它的翼和翼鞘形状就像四个极小的薄片。

这时还看不出哪一扇翼鞘盖在上面。后来两边接近了，再过几分钟，右边的马上就要盖到左边的上面去了。这个时候我便开始加以干涉（过问别人的事或制止别人的行动）了。

我用一根草轻轻地调整其鞘的位置，使左边的翼鞘盖到右边的上面。尽管蟋蟀有些反抗，但最终我成功了。左边的翼鞘稍稍推向前方，虽然只有一点点。于是我放下它，翼鞘逐渐在变换位置的情况下长大。

第三天，它就开始了。先听到几声摩擦的声音，好像机器的齿轮还没有切合好，正在调整一样。然后调子开始了，还是它那种固有的音调。

唉，我过于信任我破坏自然规律的行为了。我以为已造就了一位新式的奏乐师，然而我一无所获

（什么东西都没有获得）。蟋蟀仍然拉它右面的琴弓，而且常常如此拉。现在它已经经过自己的几番努力与挣扎，把本来应该在上面的翼鞘又放回到原来的位置上，应该放在下面的仍放在下面。最终，它还是用右翼鞘奏乐**度过**一生。

蟋蟀的乐器已讲了这么多，让我们来欣赏一下它的音乐吧！蟋蟀从不躲在屋里自我欣赏，而是在它自家的门口，在温暖的阳光下面唱歌的。翼鞘发出“克利克利”柔和的振动声。音调圆润（声音滑利甜润），非常响亮、明朗而优美。蟋蟀就这样度过了整个春天寂寞的闲暇时光。这位隐士最

初的歌唱是为了让自己过得更快乐些。它在歌颂照在身上的阳光，供给食物的青草，给它居住的平安隐蔽之所。它的弓就是用来歌颂它生存的快乐，表达它对大自然恩赐的谢意而长的。

到了后来，它不再以自我为中心了，而逐渐为它的伴侣而弹奏。听说喜欢听音乐的希腊人就喜欢听它们的歌唱，常将它养在笼子里。

蝉是不能养在笼子里面的，除非我们连洋橄

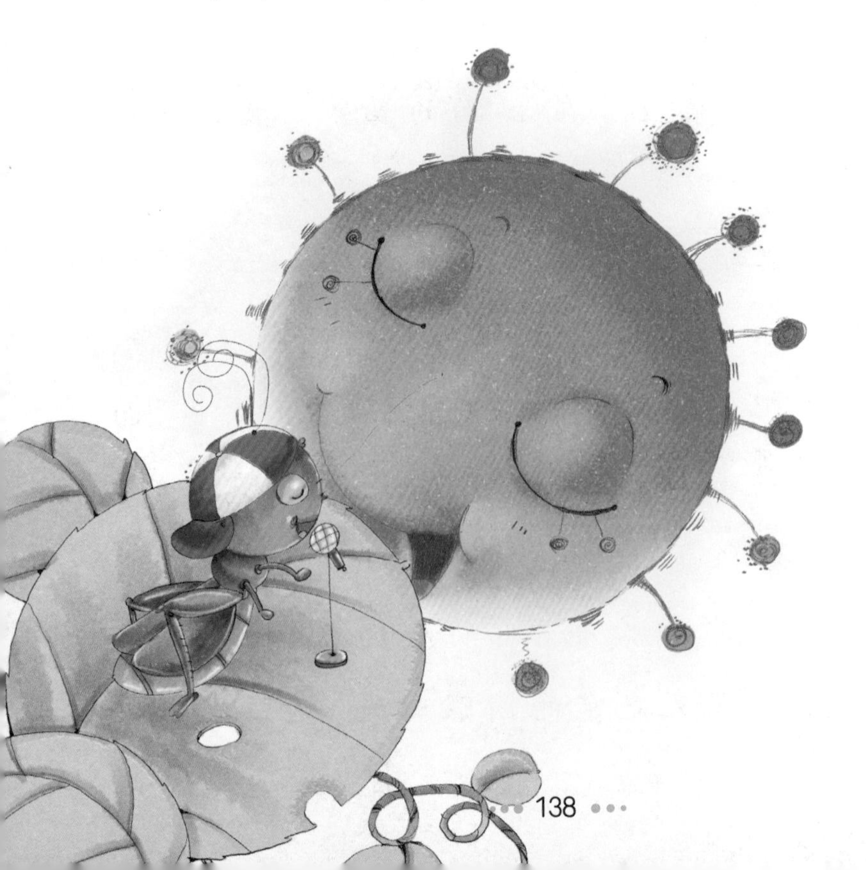

榄或榛系木一齐都罩在里面。但是把蟋蟀养在笼子里是可以的，它被关起来是很快乐的，并不烦恼。它长住在家里，很容易满足被饲养（对动物的饲养和照料）的生活。只要它每天有莴苣叶子吃，就是关在不及拳头大的笼子里，它也能生活得很快乐，不住地叫。

我们附近的其他三种蟋蟀，都有同样的乐器，不过细微处稍有一些不同。波尔多蟋蟀是蟋蟀一族中最小的，它的歌声也很**细微**，必须要侧耳静听才能听得见。这种蟋蟀有时候到我家厨房的黑暗处来。

田野里的蟋蟀在春天有太阳的时候歌唱，在夏天的晚上，我们则听到意大利蟋蟀的声音了。它是个瘦弱的昆虫，颜色十分浅淡，差不多呈白色，似乎和它夜间行动的习惯相吻合（完全符合）。它喜欢待在高高的空中，在各种灌木里，或者是比较高的草上，很少趴在地面上。在七月到十月这些炎热的夜晚，从太阳落山起，直至半夜都能听到这种蟋

蟀甜蜜的歌声。布罗温司的人都熟悉它的歌声，最小的灌木叶下也有它的乐队。它们发出的是很柔和很慢的“咯哩哩，咯哩哩”的声音，加以轻微的颤音。如果没有什么事打扰它，它就会一直持续不断地听到这种声音；但是只要有一点儿声响，就很难辨别出蟋蟀歌声发出的地点了。

这种距离不定的幻声，是通过声音的高低与抑扬（声音高低起伏）两种方法造成的。这些幻声会随着下翼鞘被弓压迫的部位不同而不同，同时，它们也受翼鞘位置的影响。如果要发出较高的声音，翼鞘就会抬得很高；如果要发较低的声音，翼鞘就低

yì diǎn dàn sè de xī shuài huì yòng tā
一点。淡色的蟋蟀会用它
chàn dòng bǎn de biān yuán yā zhù róu ruǎn
颤动板的边缘压住柔软
de shēn tǐ lái mí huò jiāng yào bǔ zhuō
的身体来迷惑将要捕捉
tā de rén
它的人。

zài wǒ tóu dǐng shang tiān é
在我头顶上，天鹅
fēi xiáng yú yín hé jiān ér zài dì
飞翔于银河间，而在地
mian shang wéi rào zhe wǒ de yǒu kūn
面上，围绕着我的，有昆
chóng kuài lè de yīn yuè shí qǐ shí
虫快乐的音乐，时起时
xī wēi xiǎo de shēng mìng sù shuō
息。微小的生命，诉说
tā de kuài lè wǒ yǐ jīng wán quán
它的快乐，我已经完全
táo zuì yú dòng tīng de yīn yuè shì jiè zhī zhōng
陶醉（忘我地沉浸于某种情境中）于动听的音乐世界之中
le yí gè huó zhe de wēi diǎn zuì xiǎo zuì xiǎo de shēng mìng de yí lì
了。一个活着的微点——最小最小的生命的一粒，
tā de kuài lè he tòng kǔ bǐ wú xiàn dà de wù zhì gèng néng yǐn qǐ wǒ de
它的快乐和痛苦，比无限大的物质，更能引起我的
wú xiàn xìng qù gèng ràng wǒ wú bǐ de rè ài tā men
无限兴趣，更让我无比地热爱它们！

蟋蟀是可以被养在笼子里的，它只要每天有莴苣叶子吃，就能快乐地生活，不停地唱歌了。平凡、简单的生活才是美好的。

松毛虫

一、松毛虫

松毛虫把巢建在我的松树上，快要吃光我的松叶，我不得不好好研究一下这些松毛虫了，这些总是排着整齐的队伍的松毛虫到底是怎样生活的呢？

我在园子里面种了几棵松树。每年松毛虫都会到这松树上来做巢，松叶都快被它们吃光了。为了保护我的松树，每年冬天我不得不用长叉把它们的巢毁掉，搞得我疲惫不堪（形容非常疲乏）。所以我一定要好好研究一下这些松毛虫。

在门的旁边就有一个松毛虫的巢，里面住了三十多条松毛虫。这种松毛虫也叫作“列队虫”，因为它们总是排着整齐的队伍。

首先来说说它们的卵吧。在八月份的前半个月，如果我们去观察松树的枝端，一定可以看到在暗绿的松叶中，到处**点缀**着一个个白色的小圆柱。

每一个小圆柱就是一个母亲所生的一簇卵。这种小圆柱好像小小的手电筒，大的约有一寸长，五分之一或六分之一寸宽，裹在一对对松针的根部。小桶的颜色白里透红，看起来跟丝织品似的，而那层层叠叠的鳞片，像房顶的瓦片一样，覆盖（遮盖，掩盖）在小桶的上面。

这些鳞片非常柔软，像天鹅绒一样，为了保护桶里的卵，它们温柔地一层层盖在桶上，仿佛一个屋顶。没有一滴露水能透过这层屋顶渗进去。松毛虫妈妈一点一点儿地铺上去。它为了孩子牺牲了自己身上的一部分毛。它的毛像一件暖和的外衣，给它的卵最贴心的保护。

卵好像一颗颗白色珐琅质的小珠，如果你用钳子把鳞片似的绒毛刮掉，那么你就可以看到了。

珐琅质的小珠本身就很美丽，但是那种有规则的几何图形的排列方法才最让我感到新奇(新颖奇特，新鲜奇妙)。

九月的时候松蛾的卵会孵化出来。在那时候，如果你把那小桶的鳞片稍稍掀起一些，就可以看到里面有许多黑色的小头。它们在咬着、推着它们的盖子，慢慢地爬到小桶的上面，它们的身体是淡黄色的，黑色的脑袋有身体的两倍那么大。它们爬出来后，第一件事情就是吃支持着自己的巢的那些针叶，把针叶啃完后，它们就落到附近的针叶上。这些小虫常常会刚好落在一起，当它们相遇以后会很自觉地排成一支队伍。

接下来的任务就是要在巢边搭建（建造）一个帐篷。

一天的时间可以把帐篷盖到像榛仁儿一样大。两星期后，就有一个苹果那么大了。它们边造边吃着帐篷范围以内的针叶。这就说明，在建造帐篷的时候，它们也饿不着肚子。

如果帐篷倒塌了，就说明它们把帐篷内的针叶全都吃掉了。于是，在松树的高处，它们又**筑起**了一个新的帐篷。就这样，它们不停地更换着新的住所，有时候甚至会住在松树的顶端。

每当这个时候，松毛虫就会换一身新的打扮（修饰装扮出来的样子）。它们的背上有了六个红色的小圆斑，小圆斑周围环绕着红色和绯红色的刚毛。红斑的中间又分布着金色的小斑。但身体两边和腹部却长着白色的毛。

十一月份的时候，它们会把旁边的松叶都用丝网围起来。树叶和丝合成的建筑材料能增加建筑物的坚固性。全部完工的时候，帐篷的大小相当

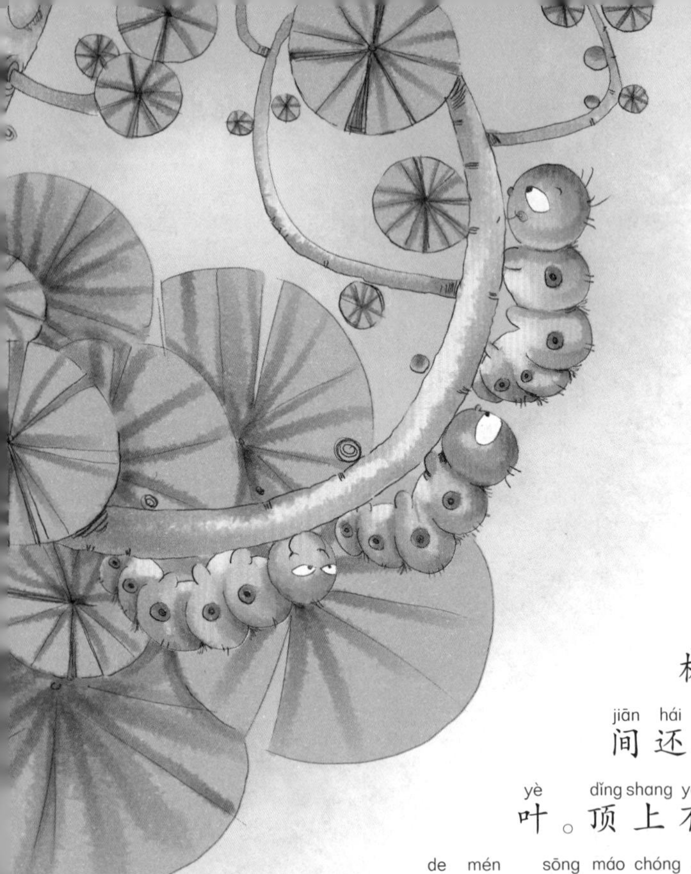

于半加仑的容积，它的形状像一个鸡蛋。巢的中央是一根乳白色的极粗的丝带，中间还夹杂着绿色的松叶。顶上有许多圆孔，是巢的门，松毛虫们就从这里爬进爬出。在矗立帐外的松叶的顶端有一个用丝线结成的网，下面是一个阳台。松毛虫常聚集在这儿晒太阳。它们像叠罗汉（人上架人，重叠成各种造型）一样聚在一块儿，一起晒太阳，为了避免阳光的暴晒，它们会用上面张着的丝线来**遮挡**强烈的阳光。

它们边走边吐出丝，这样不管走到什么地方，它们的巢会越来越大，越来越结实。

tā men dōu zhǎng zhe hóng sè de wài ké yì duī duī de tíng zài lǜ sè
它们都长着红色的外壳，一堆堆地停在绿色
de zhēn yè shang lián shù zhī dōu bèi tā men yā de wān xià le tóu
的针叶上，连树枝都被它们压得弯下了头。

sōng máo chóng tōng cháng zhǐ ài chī sān zhǒng zhēn yè rú guǒ ná qí tā de
松毛虫通常只爱吃三种针叶，如果拿其他的
cháng lǜ shù de yè zi gěi tā men chī suī rán nà xiē yè zi dōu hěn měi wèi
常绿树的叶子给它们吃，虽然那些叶子都很美味，
dàn sōng máo chóng tài tiāo shí le jiù suàn hěn è tā men dōu bù wéi suǒ dòng
但松毛虫太**挑食**了，就算很饿，它们都不为所动。

松毛虫的妈妈为了孩子牺牲了自己身上的一部分，给它的卵最贴心的保护，真是个伟大的妈妈。母爱是这世间最伟大的情感。

二、毛虫队

松毛虫是个非常守秩序的小动物，它们都是排成一条整齐的队伍出行，而且有它们的“领袖”。我做了一个实验，你想不想知道这是个什么样的实验呢？

松毛虫非常守秩序，最前面的一条虫往哪个方向走，其余的都会依次（按照次序）跟着去，排成一条整齐的队伍，彼此紧紧地挨着。它们总是排成单行，后一条的须触到前一条的尾。为首的那条，无论它怎样打转和歪歪斜斜地走，后面的都会照它的样子做，无一例外。每只松毛虫都会边走边吐丝，前面的一条吐出丝为后面的指示方向，后面的按照这个方向前进并且继续吐丝再给下一条，如此往复，所以当你在路上看到一条丝路，那一定是一队松毛虫刚刚经过留下的痕迹。

领头的那条毛虫并不是固定不变的，但一旦成了队伍的领头羊（指团体中起主导作用的人），它就会尽

zhí jìn zé de zuò hǎo lǐng xiù de gōng zuò tā zì jǐ qián jìn de tóng shí huì fēi
职尽责地做好领袖的工作。它自己前进的同时会非
cháng xiǎo xīn bù tíng de tàn tóu tàn nǎo de xún zhǎo lù jìng wèi de shì yán zhe sī
常小心，不停地探头探脑地寻找路径，为的是沿着丝
dài de fāng xiàng qián jìn ér bù néng zǒu cuò lù
带的方向前进而不能走错路。

zhè xiē sōng máo chóng de duì wu yǒu de hěn cháng yǒu de què fēi cháng
这些松毛虫的队伍有的很长，有的却非常
duǎn wǒ suǒ kàn dào de zuì cháng de duì wu yǒu liù mǎ huò qī mǎ yǒu liǎng bǎi
短，我所看到的最长的队伍有六码或七码，有两百
duō tiáo sōng máo chóng pái chéng jí wéi jīng zhì de bō wén xíng de qū xiàn hào
多条松毛虫，排成极为**精致**的波纹形的曲线，浩
hào dàng dàng de zuì duǎn de duì wu zhǐ yǒu liǎng tiáo sōng máo chóng zǔ chéng dàn
浩荡荡的，最短的队伍只有两条松毛虫组成，但
tā men réng rán méi yǒu wàng jì jì lǜ ér shì yán gé àn zhào guī zé qián xíng
它们仍然没有忘记纪律，而是严格按照规则前行。

jì rán tā men zhǐ huì bù jiǎ sī suǒ
既然它们只会不假思索（不
de gēn zhe bié rén
经过思考，用不着考虑）地跟着别人
zǒu nà me rú guǒ wǒ bǎ zhè lù xiàn shè
走，那么如果我把这路线设
jì chéng yí gè jì méi yǒu shǐ diǎn yě méi
计成一个既没有始点也没
yǒu zhōng diǎn de yuán tā men shì
有终点的圆，它们是
bú shì huì bù tíng de chóng fù
不是会不停地**重复**
zǒu tóng yì tiáo lù ne
走同一条路呢？

wèi cǐ wǒ lì
为此，我利
yòng yí gè jī huì jìn xíng
用一个机会进行
le xià miàn de shì yàn
了下面的试验。

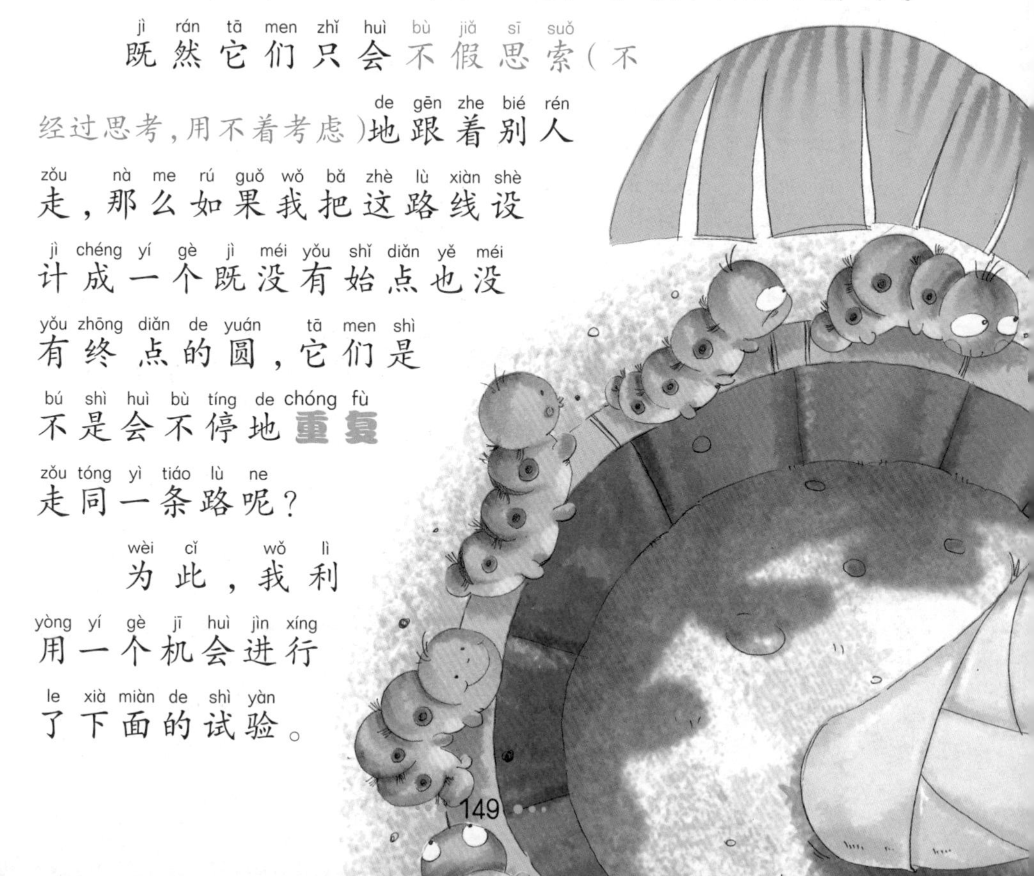

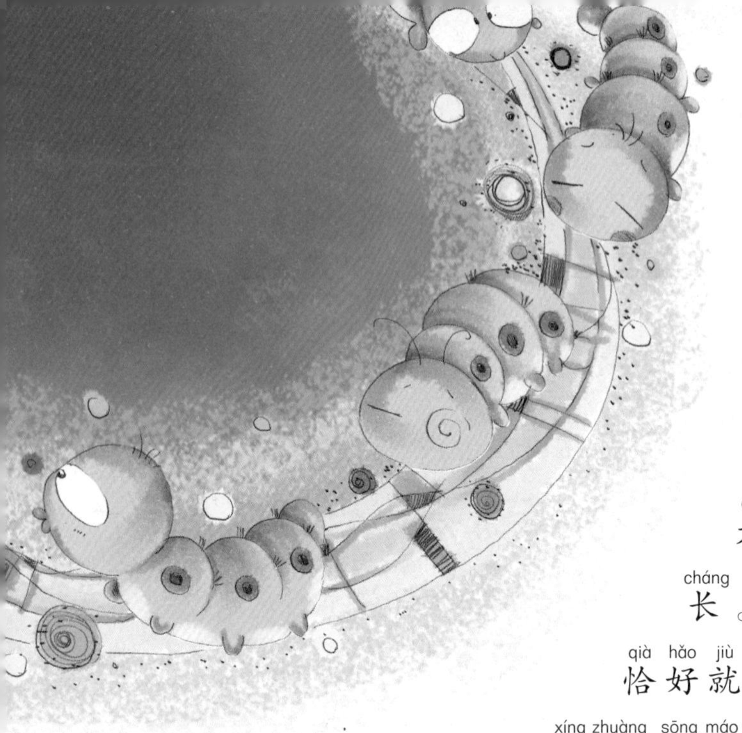

在我的院子里有几个栽棕树的大花盆，盆的圆周大约有一码半长。而盆的边缘恰好就是一个圆周的形状，松毛虫们平时很喜欢爬到这里来玩。

正巧有一天，一大群松毛虫爬到花盆上来玩被我发现，我看到它们渐渐地爬上了它们最喜欢的盆沿。慢慢地，这一队毛虫陆陆续续（指有先有后，时断时续）到达了盆沿，在盆沿上前进着。我等待并期盼着队伍形成一个封闭的环，也就是说，等第一条松毛虫**绕过**一周而回到它出发的地方。一刻钟之后，这个目的达到了。现在有整整一圈的松毛虫在绕着盆沿爬。接下来要做的是，必须把还要上来的松毛虫赶开，否则它们会**提醒**原来盆沿上的松毛虫走错了路线，从而扰乱实验。要使它们不走上盆沿，必须把从地上到花盆间的丝拿走。于是我就把还要继续上去的毛虫拨开，然后用刷子把丝线轻轻刷去，这相当于截断（切断）了它们的通道。这样下面的虫子再也上不去，上面的再也找不到回去的路了。

这一切准备就绪后，我们就可以等着看一幅很有意思的画面了：一群松毛虫在花盆沿上一圈一圈地转着，现在它们中间已经没有**领袖**了。因为这是一个封闭的圆周，不分起点和终点，到底现在谁才是队伍的领袖它们都已经分不清楚了，却还傻傻地绕着圈子。

每条松毛虫都不停地吐出丝加上去，这使得丝织和轨道越来越粗了。除了这条圆周路之外，再也没有别的什么岔路了，难道它们就这样漫无目的（没有目标，没有方向）地一圈圈绕下去，到死也不明白为什么只能在原地转圈？

几个钟头的时间过去了，松毛虫们还在上面

hú li hú tú de zǒu zhe dào le huáng hūn shí fēn tā men lèi le dāng tiān
糊里糊涂地走着。到了黄昏时分，它们累了。当天
qì zhú jiàn zhuǎn lěng shí tā men yě zhú jiàn fàng màn le xíng jìn de sù dù dào
气逐渐转冷时，它们也逐渐放慢了行进的速度。到
le wǎn shang shí diǎn zhōng zuǒ yòu wǒ zhōng yú méi yǒu nài xīn le lí kāi tā
了晚上十点钟左右，我终于没有耐心了，离开它
men qù shuì jiào le wǒ xiǎng zài wǎn shang de shí hou tā men kě néng qīng xǐng xiē
们去睡觉了。我想在晚上的时候它们可能清醒些。
dàn shì dāng dì èr tiān tiān jiàn jiàn de nuǎn huo qǐ lái tā men cóng mèng zhōng sū
但是当第二天天渐渐地暖和起来，它们从梦中苏
xǐng jiù yòu jì xù zuò qǐ tóng yàng de shì qing le
醒，就又继续做起同样的事情了。

dì sān tiān yě tóng yàng méi yǒu shén me qǐ sè hòu lái de yí gè wǎn
第三天也同样没有什么起色。后来的一个晚
shang hái shì hěn lěng zhè xiē sōng máo chóng yòu dōu jǐ chéng le yì duī yǒu xǔ
上还是很冷。这些松毛虫又都挤成了一堆，有许
duō máo chóng bèi jǐ dào sī zhī guǐ dào de liǎng biān dì èr tiān yí jiào xǐng lái
多毛虫被挤到丝织轨道的两边，第二天一觉醒来，
fā xiàn zì jǐ zài guǐ dào wài miàn jiù gēn zhe guǐ dào wài de yí wèi lǐng xiù
发现自己在轨道外面，就跟着轨道外的一位领袖
zǒu zhè wèi lǐng xiù zhèng zài wǎng huā pén li miàn pá yí gòng yǒu qī tiáo máo
走，这位领袖正在往花盆里面爬。一共有七条毛
chóng bèi jǐ chū le guǐ dào tā men jiāng chéng lì yì zhī xīn de duì wu ér qí
虫被挤出了轨道，它们将成立一支新的队伍，而其
yú de máo chóng bù yǐ wéi rán hái shì jì xù rào yǐ
余的毛虫不以为然（表示不同意或否定），还是继续绕以
qián de quān zi zǒu
前的圈子走。

kě shì nà tiáo máo chóng tàn xiǎn duì xiǎn rán xuǎn cuò le fāng xiàng tā men
可是那条毛虫探险队显然选错了方向，它们
dào dá le huā pén lǐ miàn ér nà lǐ bìng méi yǒu chī de dōng xi suǒ yǐ yòu
到达了花盆里面，而那里并没有吃的东西，所以又
dōu chuí tóu sàng qì de yuán lù fǎn huí dào yǐ qián de duì wu zhōng zhè yí cì
都垂头丧气地原路返回到以前的队伍中，这一次
de nǔ lì méi yǒu chéng gōng
的努力没有成功。

如果当初选择的冒险道路是朝着花盆外面而不是里面的话，结果可能就不一样了。

日子就这样一天天过去了。第六天是很暖和的。我发现有几个勇敢的领袖，它们热得实在受不住了，于是用后脚站在花盆最外的边沿上，做着要向空中跳出去的姿势。最后，其中的一条决定冒一次险，它从花盆沿上溜下来，可是还没到一半，它的勇气便消失了，又回到花盆上，和同胞们同甘共苦（共同享受幸福，共同担当艰苦）。也正是因为有了一个唯一的领袖，才有了一条新的出路。又过了两天，它们开始沿着这条新开辟的线路往下爬，太阳落山的时候，最后一条毛虫也爬下来了，它们终于

回到了盆下面的家中，而这已经是实验的第八天了。

据我计算，这段路程它们用了四十八个小时。绕着圆圈走过的路程在四分之一公里以上。只有在晚上寒冷的时候，队伍才没有了秩序，使它们离开轨道，几乎安全到达家里。可怜的松毛虫！幸亏它们还不是太笨。

笨笨的松毛虫们绕着花盆走了整整八天，除了晚上寒冷的时候，它们一直都维持着秩序，我们要向他们学习这种守秩序的品德。

三、松毛虫能预测气候

松毛虫在正月的时候是要“换身衣服”的，但是“新换的衣服”却没有之前的美丽，不过，新衣服有一个特别的功能，你知道是什么吗？

松毛虫蜕第二次皮会在正月里。它不再像以前那么美丽了，不过它添了一种很有用的器官。现在它背部中央的毛变成暗淡的红色了，由于中央还夹杂（掺杂，混杂）着白色的长毛，所以看上去颜色更淡了。在背上有八条裂缝，像口子一般，可以随松毛虫的意图自由开闭。当这种裂缝开着的时候，我们可以看到每只口子里有一个小小的“瘤”。它们非常地**敏感**，反应也很快，一有动静它们便会躲起来。

松毛虫们喜欢在冬天和晚上活动，这时它们最活跃，但是如果天气太糟糕，比如北风刮得太猛烈，天气冷得太厉害，下雨下雪或是雾厚得结成了

bīng xiè nà me zhè shí
冰屑，那么这时
sōng máo chóng zǒng huì jǐn
松毛虫总会谨
shèn de dāi
慎（细心慎重）地待
zài jiā li cōng míng de
在家里，聪明地
duǒ zài nà xiē zhàng peng xià
躲在那些帐篷下
miàn zhē fēng bì yǔ
面遮风避雨。

sōng máo chóng men zuì bù xǐ huan zāo gāo de tiān qì yì dī yǔ jiù néng
松毛虫们最不喜欢糟糕的天气，一滴雨就能
shǐ tā men shēn tǐ bù shū fu ér yí piàn xuě huā yě huì ràng tā men fēi cháng
使它们身体不舒服，而一片雪花也会让它们非常
bù gāo xìng suǒ yǐ wǒ tuī cè sōng máo chóng de dì èr tào fú zhuāng sì hū
不高兴。所以，我推测松毛虫的第二套服装似乎
gěi le tā yí gè yù cè tiān qì de běn lǐng zhè zhǒng běn lǐng hěn kě néng shì
给了它一个预测天气的本领。这种本领很可能是
yǔ nà xiē néng zì yóu kāi bì de kǒu zǐ xī xī xiāng guān tā men bú duàn zhāng
与那些能自由开闭的口子息息相关。它们不断张
kāi kǒu zi tàn cè wài miàn de zhuàng kuàng qǔ yì xiē kōng qì zuò wéi yàng běn
开口子探测外面的状况，取一些空气作为样本，
dài huí qù jiǎn yàn yì fān rú guǒ cóng zhè kōng qì li cè chū jiāng yǒu bào fēng yǔ
带回去检验一番，如果从这空气里测出将有暴风雨
lái lín tā men de shēn tǐ huì lì kè fǎn yìng chū lái zuò chū biàn huà
来临，它们的身体会立刻反应出来，做出变化。

鉴赏心得

松毛虫的新衣服虽然不漂亮，但是给了它预测天气的本领。它们最不喜欢糟糕的天气，所以，有了这个本领，松毛虫们可以自己预测天气了。

四、松蛾

松毛虫们出了远门，一百多条松毛虫排成一排缓慢地前进，它们是要去做很重要的事情，你想知道是什么事情吗？它们还会回来吗？

在大约三月份的时候，松毛虫们会出一趟远门，离开自己在松树下的老家到外面游玩一番。三月二十号那天，我花了整整一个早晨，观察了一队三码长，包括一百多条松毛虫在内的松毛虫队伍。它们衣服的颜色已经很淡了。队伍要在高低起伏的地面艰难地跋涉（登山涉水），所以速度很缓慢，之后它们就分成了两队，兵分两路，前往各自不同的目的地。

现在等待着它们的是很重要的事情。队伍行进了两个小时，到达一个墙角下，那里的泥土又松又软，极容易钻洞。为首的那条松毛虫一面探测，一面稍稍地挖一下泥土，似乎在测定泥土的性质。

其余的松毛虫对领袖百分之百地服从，因此只是盲目地跟从着它，全盘接受领袖的一切决定，即使不喜欢也没有办法。最后，领头的松毛虫终于找到了一处它自己喜欢的地方，于是停下脚步。接着其他的松毛虫都走出队伍，再也不规规矩矩地排队了。所有的虫子的背部都杂乱(多而乱，无秩序、无条理)地摇摆着，所有的脚都不停地爬着，所有的嘴巴都挖着泥土，渐渐地它们终于挖出了安葬自己的洞。到某个时候，打过地道的泥土裂开了，就把它们埋在里面。于是一切又都恢复平静。现在，松毛虫们把自己葬在地面下三寸深的地方，准备开始织它们的茧

子了。

大约半个月以后，松毛虫们住在了小小的白色丝带里，丝袋外面还沾染着泥土。

有时候，根据泥土土质的情况，它们还能把自己埋得更深，甚至到九寸以下的深处。

它们会在里面一直待到七八月份。那时候，由于风吹雨打，日晒雨淋，泥土早已变得很硬了。没有一只蛾子能够冲出那坚硬的泥土，除非它有特殊的工具，并且它的身体形状必须很简单。我弄了一些茧子放到实验室的试管里，以便看得更仔细些。我发现松蛾在钻出茧子的时候，有一个蓄势待发（指随时准备进攻）的姿势，就像短跑运动员起跑前的下蹲姿势一样。它们把美丽的衣服卷成一捆，自己缩成一个圆底的圆柱形，它的翅膀紧贴在脚前，像一条围巾一般，它的触须还没有张开，于是把它们弯向后方，紧贴在身体的两旁。为了能够钻出泥土，它们身上的毛发都向后放平，只有腿可以自由活动，这样便可以帮助身体运动。

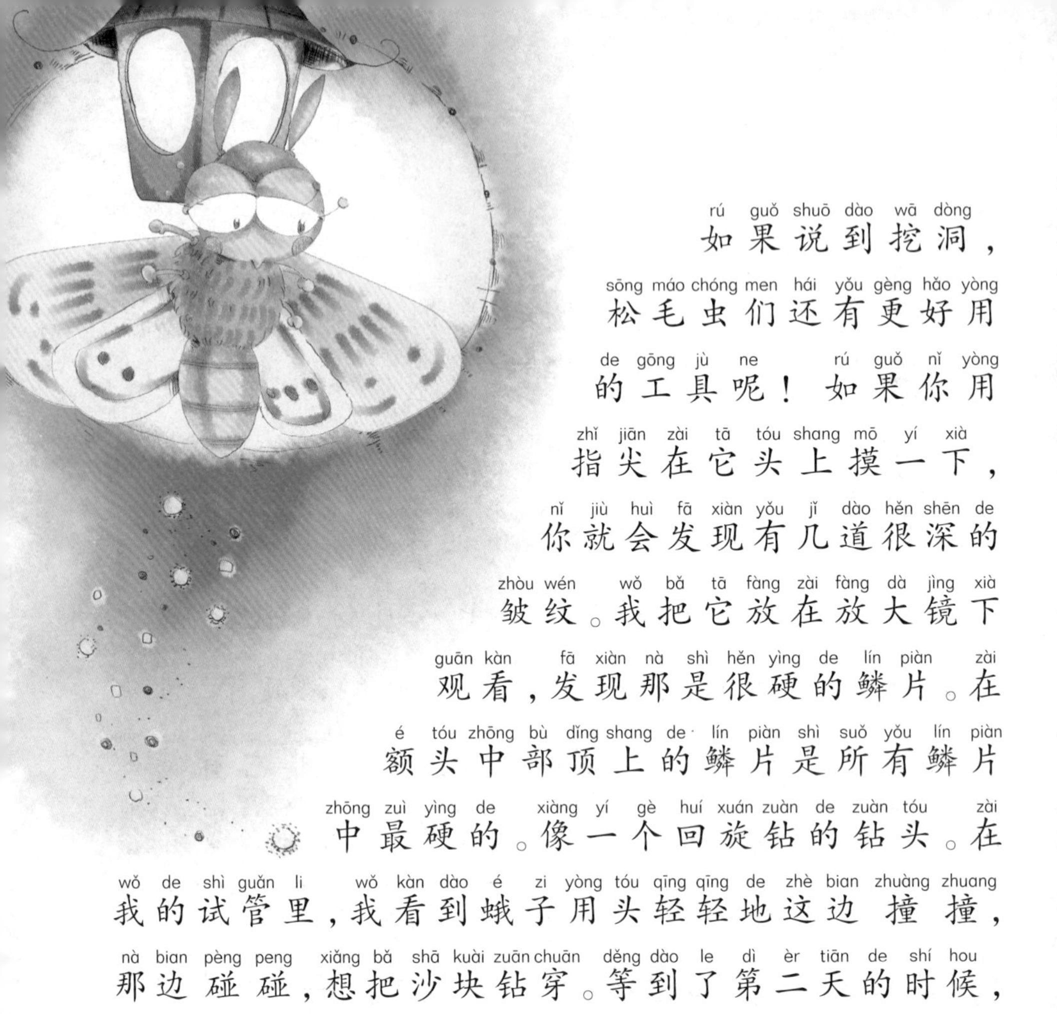

如果说到挖洞，松毛虫们还有更好用的工具呢！如果你用指尖在它头上摸一下，你就会发现有几道很深的皱纹。我把它放在放大镜下观看，发现那是很硬的鳞片。在额头中部顶上的鳞片是所有鳞片中最硬的，像一个回旋钻的钻头。在我的试管里，我看到蛾子用头轻轻地这边撞撞，那边碰碰，想把沙块钻穿。等到了第二天的时候，它们终于从地底打通（除去阻隔使相贯通）了一条道路到地面，而这条路有十寸长。

费了一番力气之后，蛾子终于钻了出来，只见它伸伸懒腰，整理一下毛发，然后张开了翅膀。现在它已完全打扮好了，完全是一只漂亮成熟又自由自在的蛾子了。尽管它不是所有蛾子中最美丽的一个，但它的确已经够漂亮了。你看，它的前翅是灰色的，上面嵌着几条棕色的曲线，后翅是白色的，腹部盖着淡红色的绒毛。颈部围着小小的鳞片，又因为这些鳞片挤得很紧密，所以看上去就像是一整片，非常像一套华丽（美丽而有光彩）的盔甲。关于这鳞片，还有些极为有趣的事情。如果我们用针尖去刺激这些鳞片，无论我们的动作多么轻微，立刻会有无数的鳞片飞扬起来。

这种鳞片就是松蛾用来做盛卵的小桶用的。

松毛虫们到了目的地挖出了安葬自己的洞，把自己葬在地下三寸深的地方开始织茧子。经过这样的埋葬后它们才能呈现出最美丽的自己。

卷心菜毛虫

卷心菜是被我们大家熟知的青菜，其实除了我们爱吃卷心菜还有一种小动物是靠吃卷心菜生长的，它们的饭量可是特别大的哦。

在很久很久以前，人们就开始吃卷心菜了，可以说卷心菜是我们所有的蔬菜中最古老的一种了。很多动物都与它有着各种各样的联系，而不仅仅是人类。在这些动物中，有一种普通大白蝴蝶的毛虫，它就是靠吃卷心菜生长的。它们以卷心菜皮及一切和卷心菜相似的植物叶子为食，似乎生来就与这种样子的菜类有着不解之缘（不可分解的缘分。比喻不能解脱的联系或关系）。

其他一些和卷心菜同类的植物也是它们的食物，而这些植物同属十字花科。因为它们的花有四瓣，排成十字形，因此植物学家给它们起了这个名字。白蝴蝶一般只在这类植物上面产卵。

白蝴蝶每年**成熟**两次，分别在四五月和十月，而这正是我们这里卷心菜成熟的季节。它们有着和园丁相同的日历，所以当我们有卷心菜吃的时候，白蝴蝶也快要出来了。

白蝴蝶的卵通常**聚成一片**，呈淡橘黄色，有时在叶子正面，有时在叶子背面。过不了一星期，

卵就会变成毛虫，毛虫出来后首先会把卵壳吃掉。我经常看到幼虫吃掉自己的卵壳，但始终搞不懂是什么意思。我推测（根据已知的测度未知的）是因为卷心菜叶上有蜡，太滑了，小毛虫为了使自己在走路的时候不至于滑倒，要弄一些细丝缠住它的脚，而要做出细丝来则需要一种特殊的食物。卵壳刚好是一种和丝性质相似的物质，小虫把它吃掉以后，将它在自己胃里转化成它所需要的丝。

不久，卷心菜的**灾难**就开始了，因为小虫想要尝尝绿色植物了。它们的胃口简直太好了！我从一棵最大的卷心菜上采来一大把叶子去喂我养

在实验室的一群幼虫，可是，仅仅两个小时，它们就吃得只剩下叶子中央粗大的叶脉了。照这种速度吃下去，这一片卷心菜田用不了几天就会被它们吃完了。

这些贪吃的小毛虫，除了偶尔（间或，有时候）伸伸胳膊挪挪腿，休息一下，其他什么都不干，就是埋头吃。当几条毛虫并排地在一起吃叶子的时候，你有时可以看见它们的头一起抬起又一起低下，并且非常整齐地重复着这个动作。我不理解它们这种动作的含义，总之，在它们成为极肥的毛虫之前，这是它们唯一的练习。

整整吃了一个月，它们总算吃饱了。于是

它们开始向各个方向爬，一边爬，还一边把前身仰起，做出向前探索（多方寻求答案，研究）的样子，好像是为了帮助消化和吸收而在做伸展运动。现在天气已经开始变冷了，所以我把我的毛虫客人们都安置在花房里，让花房的门开着。可是有一天，我突然发现这群毛虫都不见了。

后来我在离花房差不多三十码远的几处墙脚下发现了它们。只见它们都栖息（停留，休息）在屋檐下，把那里作为自己冬天的居所了。卷心菜毛虫应该不会很怕冷，因为它们都长得那么健康壮实。

就在选定的居所里，它们织起茧子，变成蛹。来年春天，就有蛾从这里飞出来了。

原来会变成白蝴蝶的毛虫是靠吃卷心菜生长的，虽然是很小的毛虫，可是它们用不了几天就可以吃完一片卷心菜田呢！千万不要小瞧它们，危害还是很大的。

狼蛛

一、狼蛛的习性

蜘蛛是一种名声很坏的动物，因为很多人都觉得它很可怕，其实，蜘蛛也是有优点的，而且有很多不同的种类，让我们一起来了解它吧！

许多人都觉得蜘蛛是一种很可怕的动物，这使得它们的**名声**很坏。其实蜘蛛是十分勤奋的劳动者，是天才的纺织家，也是狡猾（诡诈不可信，狡诈刁钻）的猎人。但大家都说它有毒，这便是它最大的罪名，也是大家都害怕它的原因。不错，它那两颗毒牙确实可以眨眼间杀死猎物。

你想知道蜘蛛的毒性究竟有多大吗？那就看看我们这里最厉害的黑肚狼蛛吧。我家就养了几只狼蛛，现在就**介绍**给你，并告诉你它们到底怎样捕食。

狼蛛长着四只大眼睛，肚子上有黑色的绒毛和褐色的条纹，腿部是一道道灰色和白色的斑纹。它喜欢住在长着百里香的干燥的沙地上。所以我那块荒地成了它们的最爱，二十多只狼蛛生活在那里。我经常从洞穴口向里面探望（张望），每次都会看到它们的身影。

狼蛛的洞是用自己的毒牙挖的，大约有一尺深，一寸宽，开始挖的时候是笔直的，以后才逐渐地变弯。洞的边缘有一堵矮墙，是用杂草和各种废料的碎片甚至是一些小石头筑成的。这种墙大小各不相同，有时候很高，有时候仅仅是地面上一块小小的凸起。

我很想捉一只狼蛛玩。于是我在洞口挥动一根小穗，模仿蜜蜂的嗡嗡声来引诱它们。但狼蛛很聪明，它很快发现这是一个骗局，于是用它的大眼

睛瞪着洞外的骗子，不管你怎么引诱（诱惑）就是不肯出来。

如果不用真的蜜蜂，看来是不可能对付狡猾的狼蛛。于是我找来一只活的土蜂去引诱它，不仅仅是为了捉它，而且还想看看它怎样捕捉食物。狼蛛喜欢吃新鲜的食物。所以狼蛛的猎物很**悲惨**，会被活活吃掉。这个时候的狼蛛，就是一个残忍的杀手。

为了捉到猎物，狼蛛需要花费很大的力气，甚至还会遇到危险。如果那些牙齿坚硬的蚱蜢和长着毒刺的蜂飞进洞穴里面，狼蛛就麻烦了。它必须用毒牙给敌人致命（可使丧失生命）的一击，将它们立刻杀死，除此以外没有任何的办法，因为毒牙是狼蛛唯一的武器。

蜘蛛是十分勤奋的劳动者，也是天才的纺织家。有些蜘蛛确实是有毒的，狼蛛的洞就是用它自己的毒牙挖的。

二、狼蛛与木匠蜂作战

我把木匠蜂放在了饥饿的狼蛛洞口，想要挑起狼蛛和木匠蜂的战争，在我的挑拨下将要发生什么样的事情呢？

那么狼蛛和其他昆虫是怎么**战斗**的呢？我替它挑了一种最强大的敌手，那就是木匠蜂。这种蜂全身长着黑绒毛，翅膀上嵌着大约一寸长的紫线。它的刺很厉害，被它刺了以后很痛，而且会肿起一块，很长时间才会消肿。它们究竟谁更厉害，只能来**较量**一次了。

我捉了几只木匠蜂，把它们分别装在瓶子里，又挑了一只又大又凶猛并且饿得正慌的狼蛛。我把瓶口罩在那只穷凶极

è
恶（形容极端残暴凶
de láng zhū de dòng
恶）的狼蛛的洞
kǒu shang nà mù jiàng fēng
口上，那木匠蜂
zài bō li qiú shì li
在玻璃囚室里
fā chū qiáng liè de wēng
发出强烈的嗡
wēng shēng láng zhū
嗡声。狼蛛
tīng dào shēng yīn cóng
听到声音从
dòng li pá le chū
洞里爬了出
lái tàn chū bàn gè
来，探出半个
shēn zi tā kàn dào yǎn qián de yí mù bù gǎn mào rán xíng dòng zhǐ shì jìng jìng
身子，它看到眼前的一幕，不敢贸然行动，只是静静
de děng hòu zhe yí kè zhōng guò qù le bàn gè xiǎo shí guò qù le shén me
地等候着。一刻钟过去了，半个小时过去了，什么
shì dōu méi yǒu fā shēng láng zhū jū rán yòu ruò wú qí shì de huí dào dòng li qù
事都没有发生，狼蛛居然又若无其事地回到洞里去
le tā men yīng gāi gǎn jué dào zhè zhǒng qíng kuàng bǐ jiào wēi xiǎn bù néng mào rán
了。它们应该感觉到这种情况比较危险，不能贸然
chū jī wǒ zài qí tā jǐ zhī láng zhū nà lǐ zuò tóng yàng de shì yàn jié guǒ
出击。我在其他几只狼蛛那里做同样的试验，结果
hái shì yí yàng tā men dōu méi yǒu xíng dòng
还是一样，它们都没有行动。

zuì hòu wǒ de nǔ lì hái shì méi yǒu bái fèi yǒu yì zhī láng zhū fēng
最后我的努力还是没有白费。有一只狼蛛疯
kuáng de cóng dòng li chōng chū lái tā yí dìng shì è huài le yì chǎng è dòu
狂地从洞里冲出来，它一定是饿坏了。一场恶斗
yì zhǎ yǎn de gōng fu jiù jié shù le qiáng zhuàng de mù jiàng fēng
（残酷的战斗）一眨眼的工夫就结束了。强壮的木匠蜂

死了。狼蛛刚好咬中了木匠蜂的中枢神经，而那个地方正是这种蜂的死穴。

经过反复的试验，我发现狼蛛总是能够非常**迅速**地杀死它们的敌人，而且手段都很相似。它的等待是有道理的。面对强大的敌人，它不能冒冒失失行动，万一没有击中敌人要害的话，那它就自身难保（自己保不住自己）了。因为如果蜂没有被击中要害的话，至少还能活上几个小时，在这几个小时里，它有充分的时间来对付敌人。狼蛛很清楚自己该怎么做，所以它很有耐心地在洞中等待，一旦那大蜂正面对着它，它便立刻冲上去，因为这时它能很容易地刺中蜂的头部，而自己却不会受伤。

狼蛛战胜了木匠蜂，狼蛛总能非常迅速地杀死敌人。面对敌人，我们要如何制服他们呢，千万不要冒失地行动。

三、狼蛛的毒素

狼蛛的毒素到底有多厉害呢？为了弄清楚，我又分别做了两个实验，最后得出来的结论真是太可怕了。到底有多可怕？

想知道狼蛛的毒素有多大的**威力**吗？下面我来告诉你。

有一次，我用一只刚刚长出羽毛可以出窝的小麻雀做试验。当麻雀的一条腿被狼蛛刺伤后，一滴血流了出来，伤口被一个红圈圈着，一会儿又变成了紫色，而且这条腿完全使不上劲，已经不能动了。除此之外它好像没什么其他痛苦，胃口也很好，它仍然好好地吃东西，喂得迟了它还要发脾气。但是过了两天，它什么也不吃，羽毛凌乱（杂乱而无条理），身体缩成一团，有时候一动不动，有时候身体不住地发抖。

我的女儿心疼地把它捧在手里，给它**温暖**。但最后小麻雀还是死了。

我知道这很残忍，但我必须再做一次试验，这次我找来了一只鼹鼠。因为它是在偷田里的莴苣时被我们捉住的，所以我们用不着太**同情**它。虽然住在笼子里，但它每天都能吃到美味的食物，我用各种甲虫、蚱蜢喂它，把它养得很健康，胖胖的。

这次我让狼蛛去咬它的鼻尖。被咬过之后，它不住地用它的宽爪子挠抓着鼻子，因为它的鼻子开

始慢慢地腐烂（破坏，烂掉）了。从这时开始，这只大鼹鼠食欲渐渐不振，什么也不想吃。到第二个晚上，它就什么也不肯吃了。大约在被咬后三十六小时，它终于死了。鼹鼠不是饿死的，因为笼里放着它最爱吃的虫子，它是中毒而死的。

因此，不仅仅是比较小的昆虫，就算再大一些的小动物，也会被狼蛛毒死。

不管是小昆虫还是大一些的小动物都会被狼蛛毒死，狼蛛虽小但是有剧毒，可不要小瞧小昆虫呀！

四、狼蛛的卵袋

这样可怕的狼蛛也有母性的一面，它会很努力地保护自己的家庭，很温柔地对待小狼蛛。那么它们是如何保护小狼蛛的呢？

狼蛛虽然可怕，却会努力保护自己的家庭，你会不会因此而对它们产生一些新的认识呢？

那是八月的一个早晨，一只狼蛛在地上织一张丝网，和手掌差不多大小，被我看到了。在这张网上，它用最好的白丝织成一片大约有一个硬币大小的席子，它把席子的边缘（周边部分）加厚，变成一个碗的形状，周围圈着一条又宽又平的边，它在这张网里产了卵，再用丝把它们盖好，这张样我们从外面就看不到它产的卵，只看到一张丝席，上面放着一个圆球。

然后它又完成了一次艰苦的劳动，用腿把那些附在圆席上的丝一根根抽去，然后把它卷上来，盖在圆球上，而这么做为的就是把它藏卵的袋从丝网上拉下来。

这袋子像一颗樱桃，不过是白色的，软软的，黏黏的。袋的中央有一圈水平的折痕，那里面可以插一根针而不至于把袋子刺破。圆席包住了袋子的下半部分，上半部分是小狼蛛出来的地方。除了母蜘蛛在产好卵后铺的丝以外，再也没有别的遮蔽物了。这个袋子里除了卵以外什么也没有。狼蛛会在冬天到来之前把卵孵化出来。

编织袋子会让母蛛花上一个早上的时间。现在它累了。它紧紧抱着它那宝贝小球，静静地休息着，生怕一不留神

（一不小心）就把宝贝丢了。我再次看它的时候，是第二天早晨，它身后的丝囊上已经挂好了它的宝贝小球。

在之后的二十多天里，无论走到什么地方，狼蛛都会带着这个袋子，一刻也不会放下，不会离开。

每个清晨，当太阳已经晒热了土地以后，狼蛛就要带着它的小球从洞里爬出来，静静地趴着，而这时夏天已经快要**结束**了。现在它带着小球，前半身在洞里，后半身在洞外。它用后腿把装着卵的白球举到洞口，轻轻地转动着它，让每一部分都能晒到阳光。这样直到晒至太阳落山。狼蛛可以在三四个星期后把它的卵全部放在阳光下，让太阳这个大火炉来帮助它晒卵。

狼蛛把产的卵小心的藏在为它编织的袋子里，无论走到什么地方，狼蛛都带着这个袋子，一刻也不会放下，不会离开。可见，狼蛛是个多么负责任的妈妈呀！

五、狼蛛的幼儿

被细心呵护的卵就要变成小狼蛛了，紧紧地抱在一起，那么，母狼蛛是怎么抚养小狼蛛们长大的呢？我相信你和我同样好奇！

等到九月初，小球沿着折痕裂开的时候，小狼蛛就要来到这个世界了。

那些包在母狼蛛身上的树皮一样的东西就是刚出世的小狼蛛。这些小狼蛛**出世**以后，就爬到母亲的身上，它们紧紧抱在一起，大约有二百多只。

小狼蛛们都很听话，它们乖乖地待着，也从来不会自私地抢夺（以暴力强取）地盘。它们只是静静地歇着。而它们的母亲，不管是在洞底，还是爬出洞外去晒太阳，总是背着一大堆孩子一起跑，在适合的季节到来之前，它是不会丢掉它身上的小狼蛛们的。

小狼蛛们何时长大，何时离开，我没有办法知道，因为从出生到离开，它们的个子都没有什么太大的**改变**。

母狼蛛为了在不好的季节活下来而吃得很少。为了保持足够的能量，虽然非常辛苦，但它还是要背着身上的小狼蛛们出来**觅食**。

一直到三月里，经过了风霜雨雪的**袭击**（突然打击，侵袭），每当我去观察那身上背满小狼蛛的母狼蛛时，它都充满了生命的力量。换句话说，这五六个月以来，母狼蛛天天都要背着身上的重担，而且还要面对各种大自然的**考验**。

路边的草经常会把小狼蛛从母狼蛛身上碰掉，所以带着小狼蛛出门是很危险的。一只母狼蛛需要**照顾**几百只小狼蛛，每只小狼蛛只能分得极少的一点爱。所以不管是一

只、几只或是全部小狼蛛从它背上摔下来，它也决不为它们费心。它会让小狼蛛们自己学会解决这些很容易解决的小困难，小狼蛛们也都能干净利落（形容动作熟练、敏捷准确）地解决，而母狼蛛只是静静地在旁边等着。

所以当我故意用一支笔把我实验室中的一个母狼蛛背上的小狼蛛碰掉时，母狼蛛**仿佛**一点儿也不担心，它没有打算帮忙而是继续向前走。那些落地的小东西在沙地上爬了一会儿，不久就都攀住了它母亲身体的一部分，不一会儿，这群小蛛又像原来那样聚在母亲背上了，没有一只会漏掉。所以，母亲不会为跌下的小狼蛛们太过**担心**，因为它已经教会了小狼蛛们自己解决问题的方法。

在母狼蛛和小狼蛛共同生活的七个月里，它

们并不在一起吃东西，它们对妈妈的食物好像不感兴趣。在它们的母亲狼吞虎咽（形容吃东西又猛又急的样子）的时候，它们安安静静地待在那儿，也不会觉得受委屈。

那么这些小狼蛛到底吃什么呢？它们在离开母亲的背之前，并不曾长大。七个月的小狼蛛和刚刚出生的小狼蛛完全一样大。卵供给了足够的养料，为它们的体质打下了一个良好的基础。它们后来不再长大，因此也不再需要吸收养料。这一点我们是能够**理解**的。但它们时常要活动呀！并且行动都很迅速。它们不吃东西，从哪里得到能量呢？

鉴赏心得

母狼蛛背着小狼蛛独自面对各种大自然的考验，母狼蛛并不会帮忙，它会让小狼蛛自己解决困难。而我们也要从小培养这种生存的能力。

xiǎo zhū de fèi yì

六、小蛛的飞逸

名师导读

告别了母蛛的小狼蛛要去瞧瞧外面的世界，它们喜欢往高处爬，而它们的妈妈却喜欢在地下，它们会不会有一天像它们的妈妈一样喜欢地下呢？

sān yuè dǐ shì xiǎo láng zhū men lí kāi de shí hou le mǔ láng zhū zhè shí
三月底是小狼蛛们离开的时候了，母狼蛛这时
cháng cháng dūn zài dòng kǒu de ǎi qiáng shang zhè shì xiǎo láng zhū men yǔ mǔ qīn gào
常常蹲在洞口的矮墙上。这是小狼蛛们与母亲**告**
bié de shí hou le xiǎo láng zhū men jīn hòu de rén shēng jiù yóu tā men zì jǐ
别的时候了。小狼蛛们今后的人生，就由它们自己
fù zé le
负责了。

tā men xuǎn zé zài yí duàn zuì rè de shí jiān li fēn bié xiǎo láng zhū men
它们选择在一段最热的时间里分别。小狼蛛们
sān wǔ chéng qún de pá xià mǔ qīn de shēn tǐ rán
三五成群（几个人、几个人在一起）地爬下母亲的身体，然
hòu yǐ jīng rén de sù dù pá dào wǒ de shí yàn shì li de jià zi shang tā men
后以惊人的速度爬到我的实验室里的架子上。它们
de mǔ qīn xǐ huan zhù zài dì xià tā men què xǐ huan wǎng gāo chù pá jià zi
的母亲喜欢住在地下，它们却喜欢往高处爬。架子
shang qià hǎo yǒu yí gè shù qǐ lái de huán tā men jiù shùn zhe huán hěn kuài de
上恰好有一个竖起来的环，它们就顺着环很快地
pá le shàng qù tā men bù tíng de wǎng shàng pá tuǐ zài kōng zhōng shǐ jìn dēng
爬了上去。它们不停地往上爬，腿在空中使劲蹬
zhe tā men yǐ jīng zhǎng dà le yào lí kāi mā ma de huái bào qù qiáo qiao
着，它们已经长大了，要离开妈妈的**怀抱**，去瞧瞧
wài miàn de shì jiè
外面的世界。

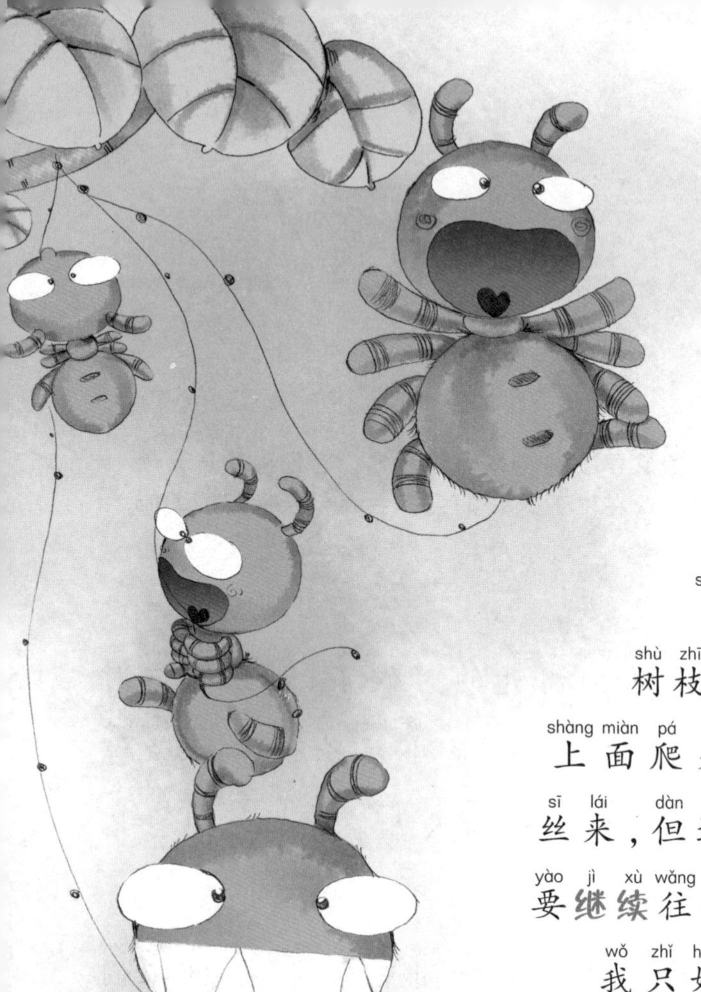

为此我又给它们多插了一根树枝在环上。它们立刻又爬了上去，一直爬到树枝的梢上。它们在上面爬来爬去，还吐出丝来，但还是一个劲儿地要继续往上爬。

我只好又找来一根几尺高的芦梗，顶端还伸展着细枝。那些小狼蛛立刻又迫不及待（急迫得不能等待。形容心情急切）地爬了上去，一直到达细枝的梢上。小狼蛛们在半空中又吐出细长的丝线，它们编织着自己的舞台，在上面轻快地舞动。

突然，丝被风儿吹断了。断了的一头在空中飘

荡着。再看这些小狼蛛，它们吊在丝上荡来荡去，等着风停。等风停下，它们可能已经离开很远，来到了一个陌生的地方，再继续跳舞。

许多天都是这个样子过的。因为没有阳光的帮助，它们就没有力气自在地玩耍，所以当阴天的时候，它们会老老实实地待在原地不动。

最后，大家都要离开自己的家。这些小狼蛛纷纷被飘浮的丝带到各个地方。原来背着一群孩子的荣耀（光荣）的母狼蛛变成了孤老。一下子失去那么多孩子，它看来似乎并不悲痛。它更加精神焕发地到处觅食，因为这时候它背上再也没有厚厚的负担了，轻松了不少，反而显得年轻了。狼蛛的生命可以很长，所以当它的孩子们也都有了自己的孩子，它就是祖母了。

小狼蛛从小就爱爬高，这种本领没有人教，自己就会，但随着小狼蛛慢慢长大，它却再也不喜欢这么做了。我们从狼蛛的身上发现了它们的这项本能。它们的母亲不知道自己的孩子有这

样的本事，孩子们自己不久以后也会彻底（深入而透彻）地忘记。它们到了陆地上，做了许多天流浪儿之后，便要开始挖洞了。这时候，它们中间谁也不会梦想爬上一棵草梗的顶端。可那刚刚离开母狼蛛的小狼蛛的确是那样迅速、那样容易地爬到高处，在它生命的**转折**之处，它曾是一个满怀激情

de pān dēng dà shī wǒ men xiàn zài zhī dào le tā zhè yàng zuò de mù dì zài
的攀登大师。我们现在知道了它这样做的目的：在
hěn gāo de dì fang tā kě yǐ pān yì gēn cháng cháng de sī nà gēn cháng sī
很高的地方，它可以攀一根长长的丝。那根长丝
zài kōng zhōng piāo dàng zhe fēng yì chuī jiù néng shǐ tā men piāo dàng dào yuǎn fāng
在空中**飘荡**着，风一吹，就能使它们飘荡到远方
qù wǒ men rén lèi yǒu fēi jī tā men yě yǒu tā men de fēi xíng gōng jù dāng
去。我们人类有飞机，它们也有它们的飞行工具。当
tā men xiǎng fēi de shí hou biàn huì zì jǐ xiǎng bàn fǎ lái dá dào mù dì ér
它们想飞的时候，便会自己想办法来达到目的，而
dāng rèn wù wán chéng le yǐ hòu tā men yǐ jīng dào dá le tā men xiǎng qù de
当任务完成了以后，它们已经到达了它们想去的
dì fang zì rán jiù huì bǎ gōng jù shōu qǐ lái le
地方，自然就会把工具收起来了。

再与众不同，最终也逃离不了天生的特性。随着年龄的增长，它们也将像妈妈那样过着自己的生活。一些本领也在成长的过程中养成了。

蜘蛛

一、蛛网的建筑

我观察了小蜘蛛工作的样子，它在迷迭香的花上爬来爬去，忙忙碌碌的，再然后，它就开始“建造地基”了，又是一个伟大的工程，我们一起看看吧！

在黄昏的时候散步，我们可以从一丛迷迭香里寻找蛛丝马迹（比喻事情所留下的隐约可寻的痕迹以及线索）。

我所观察的都是些小蜘蛛。它们比成年的蜘蛛要小得多。而且它们都是在白天工作，每年在一定的月份的时候，蜘蛛们便在太阳下山前两小时左右开始它们的工作了。

这些小蛛都离开了它们白天的居所，各自选定地盘，开始纺线。

它正在打基础呢。它在迷迭香的花上**爬来爬**

去，从一根枝端爬到另一根枝端，忙忙碌碌的，它所攀到的枝大约都是十八寸距离之内的。太远的它就无能为力了。

渐渐地它开始用自己梳子似的后腿把丝从身体上拉出来，放在某个地方作为基点（中心，重点），然后漫无规则地一会儿爬上，一会儿爬下，就构成了一个丝架子。这种不规则的结构正是它所需要的。这是一个垂直的扁平的“地基（作为建筑物基础的地层）”。正是因为它是错综交叉的，因此这个“地基”很牢固。

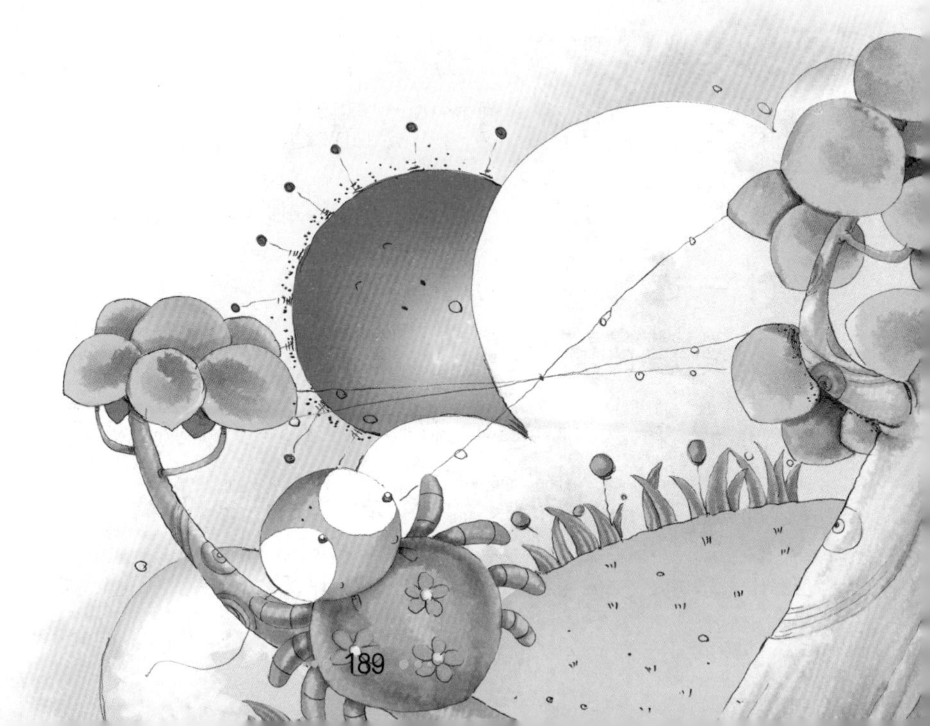

后来它在架子的表面横过一根特殊的丝，这根细丝是一个坚固的丝架子的**基础**。

现在是它做捕虫网的时候了。它先从中心的白点沿着横线爬，很快就爬到架子的边缘，然后以同样快的速度回到中心，再从中心出发以同样的方式爬到架子边缘，就这样做成一根辐。用不了多久，这种从中心向四周边缘发散（向四周散开）的网就做成了。

它们知道怎样做得漂亮，但它们从不会按照固定的顺序做。在同一个方向安置了几根辐后，它就很快地往另一个方向再补上几条，它这样突然地变换方向是有道理的。为了保持网的平衡，当它在一边放了几根辐后，必须立刻到另外一边做同样的事情。

最后的网会是个**漂亮**的圆形，因为辐与辐之间的距离都是一样的。不同的蜘蛛网的辐的数目也不同，角蛛的网有二十一根辐，条纹蛛有三十二根，而丝光蛛有四十二根。这种数目也不是永远不变的，但是大多数时候不会变，所以如果你想知道这是哪一种蜘蛛的网，可以通过它的辐条数来判断（分析裁定）。

对蜘蛛来说，将一个圆平均分成几份不是什么难事。它就是有这种本领，能把复杂的事情变简单。

辐的工作完成后，就该为中央的丝垫**忙碌**了。它开始做一种精致的工作。它用极细的线在辐上排下密密的线圈。这是网的中心，让我们把它叫作“休息室”吧。

越往外它就用越粗的线绕。圈与圈之间的距离也比以前大。绕了一会儿，它离中心已经很远了，每经过一次辐，它就把丝绕在辐上黏住。最后，它在“地基”的下边结束了它的工作。两个圈之间的平均长度有三分之一寸。

这些线圈虽然是螺旋形但并不是曲线。在蜘蛛的工作中没有曲线，只有直线和折线。辐与辐之间的横档**相连**，所以线圈会呈现螺旋形。

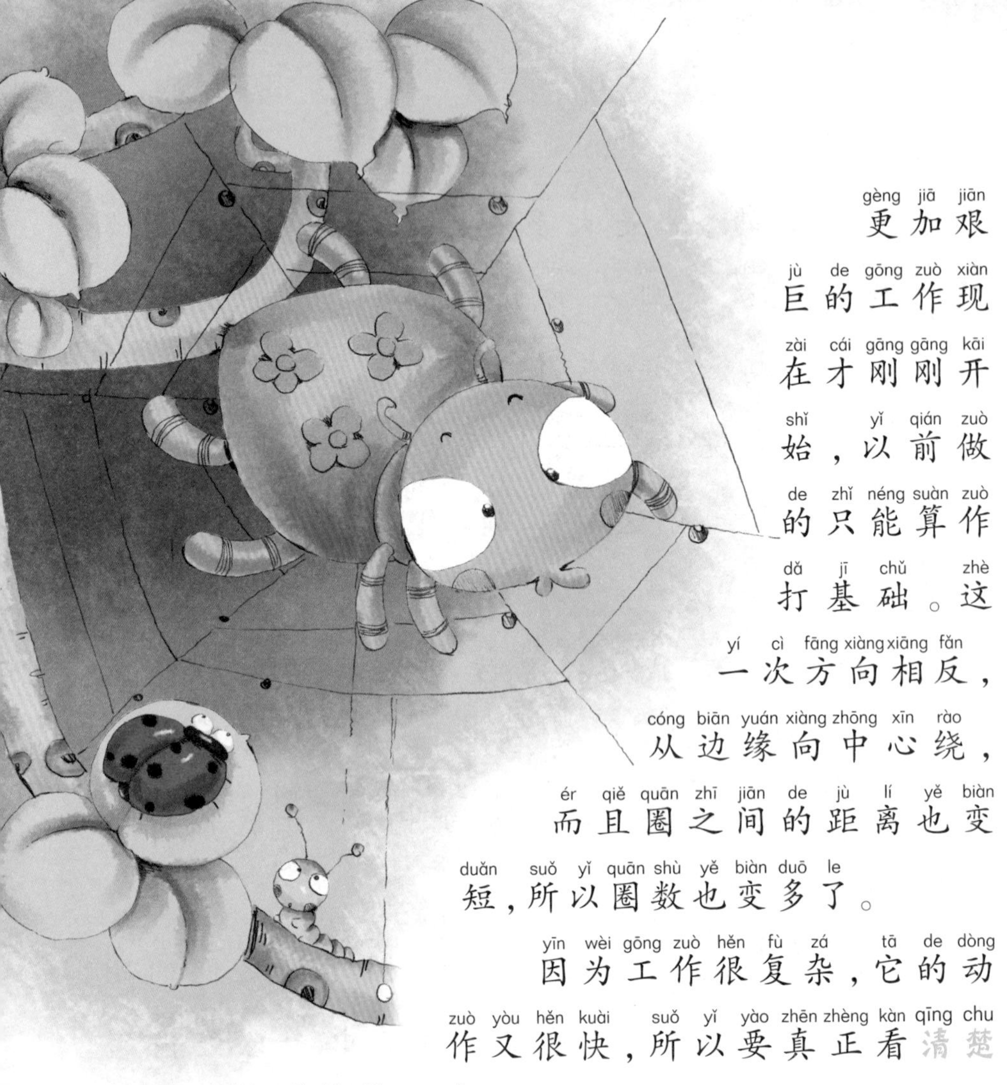

更加艰巨的工作现在才刚刚开始，以前做的只能算作打基础。这一次方向相反，从边缘向中心绕，而且圈之间的距离也变短，所以圈数也变多了。因为工作很复杂，它的动作又很快，所以要真正看清楚整个过程是很困难的。

蜘蛛辛勤（辛苦勤劳）地工作着，一面绕圈一面黏丝。它到达了那个被我们称作“休息室”的边缘了，于是它立刻结束了它的绕线运动。以后它就会把中央的丝垫子吃掉。这样，它下一次就可以用吃掉的丝吐丝织网了，为了节省原料它必须这么做。

当网做好之后，有两种蜘蛛会在底部边缘的中心做一个标志，这两种蜘蛛就是条纹蛛和丝光蛛，标志是一条很阔的锯齿形的丝带。有时候，它们还会另外再做一个标志，在网的上部边缘到中心之间再织一条较短的丝带，以表明这是它们的作品，其他蜘蛛是不可能做出一模一样（样子完全相同）的。

在我们看来相同的东西却各有各的不同。每种蜘蛛的网都是不一样的，因为它们会在网上面做自己的标志，以表明这是它们的作品。

二、黏性的网

名师导读

蜘蛛的网可不是简单的网，我取了一些丝回家，放在显微镜下观察，发现了惊人的奇迹。你想知道我发现了什么吗？

用来做螺旋圈的丝是一种极为精致的东西，和那种用来做辐和“地基”的丝是不一样的，那是一种极为细腻(细润光滑)的看上去像丝带一样的东西。我取了一些丝回家，放在显微镜下观察，竟发现了惊人的奇迹：

那根细线本来就细得几乎连肉眼都看不出来，但它居然还是由几根更细的线缠合而成的，更使人惊诧的是，这种线还

是空心的，空的地方藏着极为浓厚的黏液。

这种黏液能从线壁渗出来，使线的表面有黏性。我用一个小试验去测试它到底有多大黏性：我用一片小草去碰它，小草立刻就被黏住了。所以可以确定的是，蜘蛛捕捉（缉捕，捉拿）猎物的秘密武器就是它有黏性的网，这种网几乎可以黏住任何东西。可是又有一个问题出来了：蜘蛛自己为什么不怕被黏住呢？

难道它有什么秘方使自己不被黏住？大家都知道，要使表面物体变得润滑，涂油是最好的办法。

是不是蜘蛛的脚上也涂着油呢？我又做了一次试验，从一只活的蜘蛛身上切下一条腿，再**浸泡**在二硫化碳里一个小时，再用刷子把这条腿仔细地清洗了一遍。二硫化碳是能溶解（溶质均匀地分散于溶剂中的过程）脂肪的，所以如果腿上有油的话，就会完全洗掉。现在我再把这条腿放到蛛网上，它被牢牢地黏住了！由此我们知道，蜘蛛在自己身上涂上了一层特别的“油”，这样它就能在网上自由地走动而不被黏住。这种“油”的数量也是有限的，也会用完的。所以通常情况下它都会减少不必要的活动。

而水分被吸收的重要渠道就是蛛网中的螺旋线。当空气突然变得潮湿的时候，它们就停止织网工作，只把架子、辐和“休息室”做好，因为这些都不受水分的影响。至于那螺旋线的部分，它们是不会轻易做上去的，因为如果它吸收过多的水分，以后就不能充分地吸水解潮（缓解潮

湿）了。有了这螺旋线，在极热的天气里，蛛网也不会变得干燥易断，因为它能尽量地吸收空气中的水分以保持它的弹性并增加它的黏性。蜘蛛为了捕一只小虫，不惜花费了这么大的心思织出这么漂亮的一张网，真是难为它了。

另外，蜘蛛还是一种很勤劳的昆虫。

蜘蛛织网的方式很特别，它把网分成若干等份，同一类蜘蛛分的份数相同。当它安置（安排他人在指定的地方或位置上）辐的时候，我们只见它向各个方向乱跳，似乎毫无规则，但结果是织出了一个规则而美丽的网。即使用了圆规、尺子之类的工具，也没有一个设计师能画出一个比这更**规范**的网来。

这样漂亮的网还带有黏性，是蜘蛛捕捉猎物的秘密武器，而蜘蛛在身上涂了一层特别的油所以它自己不会被黏住。真是聪明又勤劳的昆虫啊！

我写读后感

dú kūn chóng jì yǒu gǎn

读《昆虫记》有感

xiǎo huá

晓华

kūn chóng jì shì yí bù kūn chóng xué de chuán shì jiā zuò

《昆虫记》是一部昆虫学的传世佳作，

shēn kè de miáo huì le hěn duō zhǒng kūn chóng bǐ rú zhī zhū mì

深刻地描绘了很多种昆虫，比如：蜘蛛、蜜

fēng táng láng chán xī shuài děng zuò zhě hái xiáng xì de jiè shào

蜂、螳螂、蝉、蟋蟀等。作者还详细地介绍

le kūn chóng de běn néng xí xìng hūn liàn fán yǎn sǐ wáng děng

了昆虫的本能、习性、婚恋、繁衍、死亡等

qíng kuàng

情况。

dú le kūn chóng jì zhè běn shū wǒ zhī dào le guān yú

读了《昆虫记》这本书，我知道了关于

kūn chóng de hěn duō bú wéi rén zhī de shì qing bǐ rú zài tián yě li

昆虫的很多不为人知的事情，比如在田野里

jīng cháng shǎn shuò zhe liàng guāng dà jiā dōu zhī dào shì yíng huǒ chóng de

经常闪烁着亮光，大家都知道是萤火虫的

jié zuò ba yǐ qián wǒ yǐ wéi yíng huǒ chóng zhī chī shù yè cǎo

杰作吧！以前，我以为萤火虫只吃树叶、草，

dú le kūn chóng jì hòu wǒ dà chī yì jīng yíng huǒ chóng

读了《昆虫记》后，我大吃一惊——萤火虫

jìng rán shì ròu shí dòng wù zhǔ yào shí wù shì wō niú yíng huǒ chóng

竟然是肉食动物，主要食物是蜗牛。萤火虫

xiān yòng zuǐ li de liǎng kē liáo yá xiàng wō niú zhù shè dú sù zài yòng

先用嘴里的两颗獠牙向蜗牛注射毒素，再用

一种特殊消化液把肉汤液化，蜗牛就这样成了萤火虫的美食。萤火虫会发光是因为发光带上面有层白色涂层，是由一种非常细腻的颗粒构成的。然后由白色涂层提供可氧化物质，导管则输进气流，当可氧化物质与气流相遇，便产生了光。

读了《昆虫记》，我知道了大自然的奇妙，昆虫界里还有很多不可思议的事情。小朋友们，让我们好好学习，长大后去探究昆虫界的奥妙，去完成法布尔还没完成的事情吧！

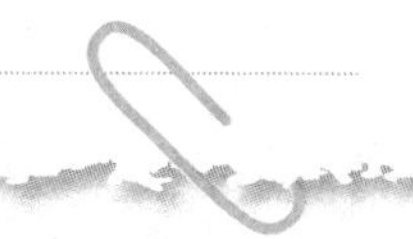